DeepSeek + Dify + Ollama 全栈AI开发实战

前端本地部署到大模型集成训练

孙志华◎编著

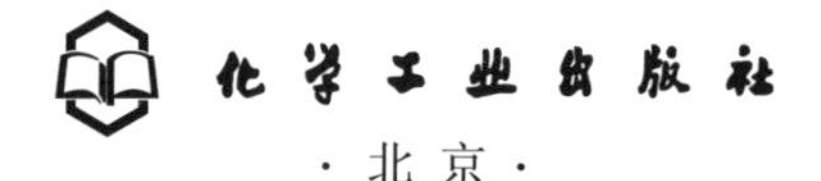

·北京·

内 容 简 介

本书是一本面向AI开发者的实战指南，旨在帮助读者从零开始掌握全栈AI开发的完整流程。本书深入讲解了如何将前端开发与AI模型集成，涵盖了从本地部署到大模型训练的各个环节。本书以DeepSeek、Dify和Ollama三大技术为核心，详细讲解了AI前端开发的基础知识、架构设计、API调用、模型部署与优化等关键技术。通过深入浅出的理论讲解和丰富的代码示例，读者可以快速掌握AI应用开发的核心技能。

本书不仅提供了丰富的理论知识，还通过大量实战案例，展示了如何在实际项目中应用这些技术，包括智能客服系统、音乐创作助手、人力资源管理系统、数据可视化模型、AI大模型的本地部署、AI全栈开发、智能知识库创建、爆款文案生成模型、家庭教育模型等多个实战案例，每个案例都配有详细的步骤说明和代码实现，读者可以边学边练，快速将理论知识转化为实际项目中的解决方案。

本书的案例设计贴近实际开发需求，涵盖了从简单的API调用到复杂的全栈AI应用开发。无论是初学者还是有经验的开发者，都能从这些案例中找到适合自己的学习路径，帮助读者在资源有限的环境下高效开发AI应用。通过学习本书内容，读者将具备独立开发全栈AI应用的能力，并能够在实际项目中灵活运用这些技术。

图书在版编目(CIP)数据

DeepSeek+Dify+Ollama全栈AI开发实战 ： 前端本地部署到大模型集成训练 / 孙志华编著. -- 北京 ： 化学工业出版社， 2025. 3 （2025. 5重印）. -- ISBN 978-7-122-47706-4

Ⅰ. TP18

中国国家版本馆CIP数据核字第2025CU5954号

责任编辑：杨　倩　　　封面设计：异一设计
责任校对：边　涛　　　装帧设计：盟诺文化

出版发行：化学工业出版社（北京市东城区青年湖南街13号　邮政编码100011）
印　　装：河北延风印务有限公司
710mm×1000mm　1/16　印张$10^1/_4$　字数202千字　2025年5月北京第1版第2次印刷

购书咨询：010-64518888　　　售后服务：010-64518899
网　　址：http://www.cip.com.cn
凡购买本书，如有缺损质量问题，本社销售中心负责调换。

定　　价：79.00元

前　言

PREFACE

在人工智能技术迅猛发展的今天，AI已经不再是一个遥不可及的概念，而是逐渐渗透到人们生活的方方面面。从智能客服到自动驾驶，从医疗诊断到金融风控，AI技术的应用场景越来越广泛，开发者们也在不断探索如何将AI技术与实际业务需求相结合，创造出更多有价值的应用。作为一名长期从事AI技术研究和开发的从业者，我深知AI技术的潜力与挑战，也深刻体会到了开发者在实际项目中遇到的种种困难。正是基于这些观察和思考，我决定撰写这本书，希望能够为读者提供一本既具有理论深度，又具备实战价值的AI开发指南。

AI技术的快速发展带来了前所未有的机遇，但也伴随着诸多挑战。尤其是在实际开发中，开发者往往面临很多问题。比如，AI开发涉及的知识领域广泛，从前端开发到后端架构，从部署优化到模型训练，每个环节都需要深入的技术积累。对初学者来说，如何快速上手并掌握这些技术是一个巨大的挑战。而很多AI开发教程偏重于理论讲解，缺乏实际案例的支持，导致读者在学习过程中难以将理论知识应用到实际项目中。在实际开发中，很多团队面临着硬件资源有限、数据隐私要求高等问题，如何在资源有限的情况下高效开发和部署AI模型，是一个亟待解决的问题。

2025年1月，DeepSeek-R1模型上线，该模型的智能水平相当于目前世界上最先进的GPT O1的推理模型，以低训练成本、高性能、开源等优势在国内外引起广泛关注。DeepSeek的强悍之处在于它的低成本和开源，开源就意味着每个想训练自有模型的个人或企业都可以在本地部署自己的类GPT O1智能的推理大模型，并不断迭代优化，每个企业甚至个人开发者都有机会在本地部署并训练属于自己的大模型。

基于以上思考，我决定以DeepSeek、Dify和Ollama三大技术为核心，结合丰富的实战案例，编写一本既适合初学者入门，又能为有经验的开发者提供进阶指导的AI开发书籍。我希望本书能够帮助读者系统性地掌握AI开发的完整流程，从前端开发到模型部署，从基础理论到实战应用，真正做到学以致用。

在写作本书的过程中，我始终秉持着理论与实践相结合的原则，力求为读者提供一本既有深度又有实用价值的AI开发指南。以下是本书的几个核心特色：

全栈开发视角：本书不仅涵盖了AI模型的设计与训练，还深入讲解了如何将AI模型与前端开发相结合，实现从用户界面到后端服务的全栈开发。通过这种方式，读者可以全面了解AI应用的开发流程，从前端交互到后端数据处理，再到模型推理与优化，形成一个完整的开发闭环。

本地部署与优化：在实际开发中，很多团队面临着硬件资源有限、数据隐私要求高等问题。本书特别介绍了如何通过Ollama实现大模型的本地部署与优化，帮助读者在资源有限的环境下高效开发和部署AI应用。无论是显存管理、模型量化，还是性能调优，本书都提供了详细的解决方案。

丰富的实战案例：本书不仅提供了大量的代码示例，还通过多个实战案例展示了如何将AI技术应用于实际业务场景。包括智能客服系统、音乐创作助手、人力资源管理系统、数据可视化模型、AI大模型的本地部署、AI全栈开发、智能知识库创建、爆款文案生成模型、家庭教育模型等多个实战案例，每个案例都配有详细的步骤说明和代码实现，帮助读者快速将理论知识转化为实际项目中的解决方案。

前沿技术应用：本书紧跟AI技术的最新发展趋势，特别介绍了TypeScript在AI开发中的应用，帮助开发者提升代码质量和安全性。还详细讲解了如何通过Dify平台快速构建AI应用，并通过DeepSeek实现大模型的集成与训练，以及运用Ollama实现本地部署和优化，帮助读者掌握最新的AI开发工具和技术。

在写作本书的过程中，我得到了许多同行和朋友的支持与帮助。特别感谢我的技术团队，他们在本书的案例开发和代码实现中提供了宝贵的建议和帮助。同时，我也要感谢我的家人，他们的理解与支持让我能够全身心地投入到本书的写作中。最后，我要感谢所有读者。无论是AI开发的初学者，还是有一定经验的开发者，我都希望本书能够为你提供有价值的参考和指导。AI技术的未来充满无限可能，而你们正是推动这一技术发展的中坚力量。

AI技术的快速发展为人们带来了前所未有的机遇，但也伴随着诸多挑战。作为一名AI技术的从业者，我深知学习AI开发的道路并不容易，但我也相信，只要坚持不懈，任何人都能够掌握这项技术，并将其应用于实际项目中。希望本书能够成为你在AI开发道路上的良师益友，帮助你克服困难，实现技术的突破与创新。未来已来，AI技术的应用将越来越广泛，而你们正是这一技术发展的推动者。希望本书能够为你提供有价值的参考和指导，帮助你在AI开发的道路上走得更远。

编著者

目录

CONTENTS

第1章

AI 时代前端开发基础与集成准备

1.1 AI 前端技术基础

1.1.1 AI前端基础概念

前端开发是指创建和维护网站或应用程序的用户界面（User Interface，简称UI）的部分，确保用户能够直接与之交互。前端开发的目标是提供流畅、直观的用户体验，同时保证代码的可维护性。简单来说，前端开发者的主要任务就像是在搭建一座桥梁，让用户可以方便地和整个智能系统交流。比如，当你想问“今天天气怎么样”的时候，前端界面不仅要能快速显示回答的内容，还要能展示天气图标、温度变化图表等，让使用者能够直观地掌握信息。

在人工智能时代，前端开发不仅负责构建用户界面，还通过集成AI技术（如个性化推荐、语音识别、图像识别等）提升用户体验和交互的智能性，起到与用户直接交互的重要作用。前端开发在未来将逐步发展为包括AI驱动的开发工具、低代码或无代码平台、AR或VR应用、边缘计算、自然语言处理、个性化推荐、WebAssembly（简称 Wasm，是一种新的字节码格式，旨在为 Web 应用提供一种高效、安全和可移植的方式来运行高性能的代码）性能优化、跨平台开发、安全性增强，以及可持续性和可访问性的开发技术。前端开发将更加智能化、自动化，并与AI技术深度融合，提供更丰富、更智能的用户体验。

从具体的前端开发环节来讲，开发任务就是选择最合适的积木块来搭建应用。打个比方，性能优化就是让自行车跑得更快，这就要求检查车子的每个零件，确保它们都工作得很好。状态管理就像管理一个仓库，要知道每件物品放在哪里，什么时候会用到它们。

在设计AI应用的界面时，需要准备不同的功能模块，要方便用户与系统交互，可以通过键盘输入文字，也可以用麦克风说话，甚至可以上传图片。对话模块需要展示AI的信息，要能显示文字、图片、表格等多种内容。知识库模块需要存放各种数据、资料，方便随时查阅和更新。这些模块要互相配合，让整个使用过程自然、流畅。而AI全栈开发就像建造一座现代化的智能大厦。前端就是大厦的外表和内部装修，要让人用起来舒适方便；AI服务就是大厦的核心设施，比如供电系统、水管等。两者之间需要完美配合，就像电灯开关和电路要正确连接才能工作。我们可以选择使用DeepSeek或Dify这样的成熟系统，就像购买了一套精装修的房子，功能齐全，直接可用；也可以选择接入Ollama这样的本地方案，就像自己动手装修，虽然需要投入更多精力，但可以完全按照自己的需求来设计。无论选择哪种方式，最终目标都是让用户能够轻松自如地使用AI服务。

1.1.2　从Vue3和React的特性与区别看开发工具的选择

在 AI 前端开发中，Vue 3 和 React 作为主流前端框架，各自发挥着重要作用，帮助开发者高效地构建交互性强、性能优越的 AI 驱动应用。Vue 3 以其简洁的 API 和响应式系统著称，特别适合快速开发 AI 前端应用。React 则凭借其组件化架构和强大的生态系统，成为 AI 前端开发的另一重要选择。

Vue 3 是 Vue.js 框架的第三个主要版本，在前端开发中应用广泛，具有更灵活的代码组织、更好的性能、更强的TypeScript（一种由微软开发的开源编程语言，它是 JavaScript 的超集，添加了可选的静态类型系统和其他特性，旨在提高代码的可维护性和开发效率）支持、更小的体积、更强大的响应式系统、更灵活的功能、更好的异步处理等特点，提升了开发效率和性能，成为现代前端开发的重要工具（图1-1）。

图 1-1　Vue 官网

React是一个由 Facebook（一个社交网络服务网站）开发和维护的开源JavaScript（一种广泛用于网页开发的脚本语言，主要用于增强网页的交互性和动态功能）库，主要用于构建用户界面，特别是单页应用。它通过组件化的方式构建 UI，使开发更高效和可维护，具有开发高效、高性能、灵活性和可扩展性、易于学习和使用、强大的社区支持、跨平台能力出众等特点，通过组件化、虚拟文档对象模型（Document Object Model，简称DOM）、JSX（JavaScript 的语法扩展）、单向数据流、Hooks（React 16.8 引入的一项功能）等特性，提供高效、灵活的前端开发体验，广泛应用于构建现代网页和移动应用（图1-2）。

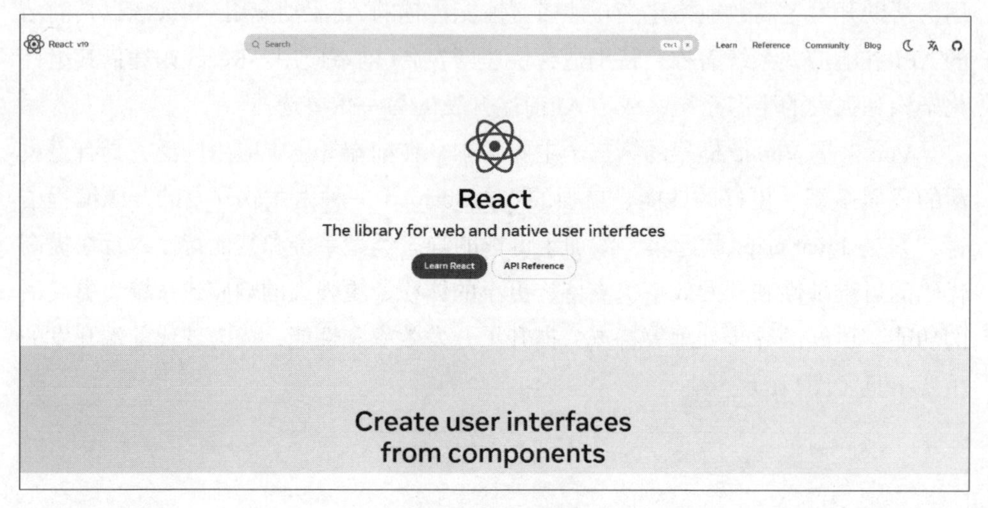

图 1-2　React 官网

Vue3和React就像两套设计精良的积木套装，可以帮助人们更快、更好地搭建应用。Vue 3带来了一个很酷的新功能，叫作Composition API（构成式应用程序接口，Composition Application Programming Interface），就像是可以自由组合的积木块，人们可以根据需要把不同的功能组合在一起。比如，要制作一个AI聊天机器人，这个机器人需要能说话、能记住之前的对话、能识别图片，还要能实时翻译。以前这些功能就像是散落在各处的积木，很难管理，但有了Composition API，就可以把相关的功能组合在一起，就像给积木分类整理一样。

Vue 3的树摇（Tree-Shaking）功能就像一个聪明的收纳助手，它能帮你收拾真正需要的东西。同时，Vue 3对TypeScript的支持就像给代码加上了一个智能检查系统。而TypeScript就像一个提示器，它会告诉你："这块拼图应该是蓝色的天空部分""这块应该是绿色的草地部分"，这样你就不会把拼图放错位置。在开发AI应用时，它会提醒你"这里应该传入文字""那里应该是一个数字"，这样就能避免很多错误。

React则是用Hooks系统让每个积木都有特殊的功能，有的可以记住数据，有的可以执行特定任务，用户可以根据需要选择合适的积木来使用。就像人们在玩一个游戏，需要记录分数、控制角色移动、收集道具等。React的并发模式就像一个聪明的游戏管理员，它知道什么任务最重要，应该先处理什么，后处理什么。而React的Server Components（服务器组件）就像一个预加载系统。想象打开一个新的游戏关卡，如果所有内容都要等到完全加载后才能开始玩，那就太慢了。Server Components能让用户看到基本的界面，就像先看到游戏地图，然后再慢慢加载详细的内容，这样用户就能更快地开始使用应用。

在选择开发工具时，Vue 3就像一套完整的乐高套装，所有需要的积木都已经配备齐全，而且附带详细的说明书，这样的方式特别适合小型团队，所有工具都配套齐全，不需要花时间去寻找合适的工具。

React就像一个巨大的玩具乐园，里面不只有基础的游乐设施，还有很多其他人制作的有趣设施。这就像除了官方的玩具，还有很多玩家自制的优秀作品可以使用。这种方式特别适合大型项目，用户可以根据需要选择不同的设施，每个团队负责不同的区域，最后组合成一个完整的公园。

类型支持就像给玩具加上了使用说明和安全提示。Vue 3的类型系统就像一个温和的老师，会主动提醒你“这个功能应该这样用”“那个数据应该是这种类型”。而React的类型系统则像一个严格的教练，会要求用户精确地说明每个功能要怎么使用，虽然写起来可能需要多花一点时间，但可以预防更多可能的错误。

选择开发工具需要根据实际情况来决定。随着AI技术的发展，应用的需求也在不断变化，所以一定要保持灵活性。比如，开发一款AI应用一开始可能只需要处理文字对话，用Vue 3就很合适。但后来如果需要添加复杂的图像处理、3D展示等功能，可能就需要考虑使用React了。

选择合适的开发工具就像为运动队选择合适的装备，需要考虑很多因素。

团队成员是否熟悉这个工具？就像篮球队员需要适应新的球鞋。
项目有多大？就像是要选择参加小区的比赛，还是参加全国的比赛。
需要多快完成？就像是日常训练还是临时比赛。
有什么特殊要求？就像是选择室内比赛还是户外比赛。

Vue 3 和 React 在 AI 前端开发中各有优势。Vue 3 以简洁和高效见长，适合快速构建轻量级AI应用；React则凭借其强大的生态系统和组件化能力，更适合开发复杂、高性能的AI驱动应用。两者都能为AI前端开发提供强大的支持，帮助开发者实现智能化、交互性强的用户体验。选择工具的关键不是选最新的或最流行的，而是要选择最适合的，要让团队用得顺手。

1.1.3 从TypeScript看AI智能开发的质量和安全防控

在AI前端开发中，TypeScript 通过其静态类型检查和强大的类型系统，显著提升了代码的可维护性和开发效率。它帮助开发者在编写复杂的前端逻辑（如数据处理、状态管理、API 调用）时，提前捕获潜在的类型错误，减少运行时的问题。同时，TypeScript 对现代前端框架的深度支持，使得开发 AI 驱动的交互功能（如智能推荐、实时数据处理、可视化）更加高效和可靠。此外，TypeScript 的类型推断和接口定义能力，特别适合与 AI 模型和后端服务进行集成，确保数据传递的准确性和一致性，从而为 AI 前端应用提供更坚实的基础。

TypeScript就像给代码穿上了一件防护服。普通的JavaScript就像是在黑暗中拼图，需要反复试错才能找到正确的拼法，而TypeScript则像是打开了灯，可以清楚地看到每块拼图的形状和颜色，知道它们应该放在哪里。在开发一个AI应用时，需要处理用户输入的问题并给出回答，使用TypeScript就可以明确定义什么样的问题是有效的（如必须是字符串，不能为空）、什么样的回答格式是正确的（如必须包含文字内容和时间戳）。如果有人不小心输入了错误的格式，那么TypeScript就会立即发出提醒，就像一个细心的助手，帮助人们避免可能的错误。

在复杂的AI应用开发过程中，TypeScript凭借其强大的类型系统，为项目开发提供了坚实的保障。面对AI模型返回的多样化数据格式，TypeScript的静态类型检查机制能够在编译阶段有效地预防潜在错误，显著提升代码质量。当需要处理文本分析、向量计算或非结构化数据时，TypeScript可以通过精确的类型定义，确保数据流转过程中的类型安全。这种类型约束不仅能够降低运行时错误的发生率，还能提供更好的代码提示和自动补全功能。

在实际开发中，AI模型接口的输入、输出往往具有复杂的数据结构。TypeScript允许开发者通过接口（Interface）或类型别名（Type Alias）来定义这些结构，使代码更具可读性。例如，对于语言模型的响应数据，TypeScript可以清晰地定义包含Token（记号）数量、生成文本、概率分布等字段的类型结构。

TypeScript与前端构建工具的深度整合，为开发流程提供了完整的工程化支持。Vite（一种现代化的前端构建工具，旨在提供更快的开发体验和更高效的构建过程，由 Vue.js 的创始人尤雨溪开发，支持多种前端框架）等构建工具可以直接处理TypeScript代码，配合ESLint（一个用于识别和报告 JavaScript或TypeScript代码中问题的静态代码分析工具，帮助开发者保持代码风格一致并避免常见错误）等代码质量工具，建立起完善的开发规范体系，这种集成不仅提升了开发效率，还确保了代码的可维护性。

基于TypeScript的开发流程通常包括以下几个关键环节。

```
首先定义模型接口的类型结构。
接下来实现数据处理逻辑。
最后进行类型检查和测试。
```

这种有序的开发流程能够确保代码质量，减少后期维护成本。

在大型AI项目中，TypeScript的价值更加突出。类型系统的约束，方便人们更好地组织复杂的业务逻辑，支持团队协作开发，完善后的类型定义还能作为代码文档，帮助新团队成员快速理解系统架构。

随着AI技术的不断发展，TypeScript在前端开发中的重要性将进一步提升。其强大的类型系统不仅能够为人们开发应用提供便利，更能确保AI应用的长期可维护性和可扩展性。通过合理运用TypeScript的特性，人们可以构建出更加可靠的AI应用前端系统。

1.2 AI 集成的前端架构设计

人工智能技术的深度应用对前端架构提出了全新要求，数据密集型场景下的状态同步、高并发处理、实时交互等需求推动架构模式持续演进。接下来将从工程实践角度剖析关键设计要素，为人们构建高性能AI应用提供技术讲解。

要形成高性能AI应用系统的技术实现应从核心架构要素出发。

```
1. 状态管理架构选型。
2. 实时通信机制实现。
```

3. 性能优化技术矩阵。

4. 异常处理与用户体验。

5. 组件通信模式设计。

6. 数据持久化方案。

7. 安全防护实践。

8. 性能监控体系。

状态管理架构选型

现代AI应用需要高效管理多维度数据。在Vue生态中，Pinia（一个轻量级的状态管理库，专为Vue.js设计，旨在提供简单、直观且类型安全的状态管理解决方案，是Vuex的替代品，具有更简洁的API和更好的TypeScript支持）通过优秀的TypeScript支持实现高效的状态管理。智能医疗系统利用Pinia分别管理病历数据和诊断结果，当检验数据更新时自动触发AI分析并更新建议。

在线教育平台把课程进度、练习成绩等状态分配到独立的Store（状态仓库，集中管理应用状态的容器）中，实现个性化学习推荐。每个知识点的学习状态变化都能及时触发相应的算法，优化学习路径。

React生态则提供多样化选择。图片处理等小型应用适合使用Context API（语境应用程序接口）共享状态。智能客服等复杂的系统则采用Redux Toolkit（Redux官方推荐的工具集，旨在简化Redux的使用，Redux是一个用于JavaScript 应用的状态管理库，通常与 React 一起使用，但也支持其他框架。它的核心思想是集中管理应用的状态，并通过可预测的方式更新状态。这个工具集可减少样板代码，并提供更高效的开发体验，包含一系列实用工具和实战方案，帮助开发者更轻松地管理应用状态），通过中间件处理模型调用等异步操作。

安防监控平台结合TensorFlow.js（一个基于 JavaScript 的机器学习库，允许开发者在浏览器和Node.js环境中训练和部署机器学习模型，TensorFlow.js由Google 开发，是TensorFlow的 JavaScript 版本。Node.js 是一个基于 Chrome V8 引擎的 JavaScript 运行时环境，允许开发者在服务器端运行 JavaScript 代码，采用事件驱动、非阻塞 I/O 模型，适合构建高性能、可扩展的网络应用。TensorFlow是由 Google 开发的开源机器学习框架，广泛用于构建和训练各种机器学习模型，支持从研究到生产的全流程，适用于多种平台和设备）与Redux，实现目标检测的实时分析。系统将视频分析、告警管理等功能状态统一由Redux管理，确保数据同步。

金融风控应用使用Pinia处理交易数据和风险评估，每次交易触发的多个模型分析结果，通过独立的Store进行管理，便于系统审计。

选择合适的状态管理方案，能显著提升AI应用的开发效率和运行性能。方案选型应当着重考虑具体应用场景的特点和需求。

实时通信机制实现

WebSocket（一种网络通信协议，允许在客户端和服务器之间建立全双工、持久的连接，实现实时数据传输，通过单个 TCP 连接进行双向通信，适合需要低延迟和高频率数据交换的应用场景）技术在AI应用的实时交互中扮演着核心角色，其长连接机制为模型推理过程提供实时反馈能力，显著提升用户体验。WebSocket为AI应用提供了高效的双向通信能力，在智能金融预测、在线代码生成等场景中，通过建立持久化连接实现数据实时推送和状态同步。

在实际应用场景中，WebSocket的价值体现在多个方面。在在线教育平台中，学生提交作业后，智能批改系统通过WebSocket持续推送评分进度和即时反馈，让学习过程更加顺畅。在代码编辑器中，AI辅助编程功能可实时推送代码补全建议，大幅提升开发效率。医疗影像分析系统利用WebSocket传输处理状态，使医生能够实时掌握分析进展。

构建稳定可靠的WebSocket通信需要考虑以下关键要素。

· **心跳检测机制确保连接活性：**客户端定期向服务器发送ping（一种用于测试网络连接和测量延迟的工具或命令）消息，若未收到pong（pong 通常与 ping 一起使用，表示对 ping 请求的响应，这种模式常见于网络通信、实时系统和游戏开发中，用于确认连接状态或保持通信的活跃性）响应，则判定连接异常。例如，每15秒发送一次心跳包，连续3次未收到响应即启动重连。

· **智能重连策略保障服务可用：**采用指数退避算法，首次重连失败后等待1秒，之后依次增加等待时间（2秒、4秒、8秒），直至成功重连或达到最大重试次数。

· **状态恢复确保业务连续性：**重连成功后，需要恢复断线前的会话状态。比如在在线教育场景中，需要同步最新的作业批改进度；在代码编辑场景中，需要重新获取当前的补全上下文。

· **响应式编程优化数据流处理：**引入RxJS（Reactive Extensions for JavaScript，是JavaScript的响应式扩展，基于观察者模式和迭代器模式，提供了一套强大的工具来处理异步数据流）等响应式编程库，优雅地处理复杂的异步数据流。当用户输入触发代码补全请求后，结果经过去抖动处理后更新到编辑器，整个过程通过数据流的方式串联起来。

· **集成测试保障通信质量**：模拟各类网络异常场景，验证心跳检测、自动重连、状态恢复等机制是否正常工作；关注连接断开时的用户提示，确保体验平滑。

完善的WebSocket对AI应用的用户体验至关重要。在进行医疗影像分析时，稳定的连接可以确保医生能实时获取分析结果；在在线教育中，流畅的批改反馈可以帮助学生持续改进；在代码编辑场景下，实时的补全建议可以显著提升开发效率。只有深入理解WebSocket技术的特性，结合具体应用场景，才能构建出高质量的AI交互系统。

性能优化技术矩阵

WebSocket（通信协议）通过建立持久化的双向通信连接，为AI应用提供了高效的实时交互能力。这种长连接机制能够显著提升模型推理过程的反馈效率，极大地改善用户体验。

在智能金融领域，WebSocket的应用尤为广泛。股票市场预测系统通过WebSocket实时推送行情数据和AI分析结果，交易员可以及时接收市场趋势预测，快速做出投资决策；期货交易平台利用WebSocket传输实时报价和风险预警，帮助投资者把握市场动态。

在在线代码生成场景中，WebSocket的价值同样显著。集成开发环境插件（Integrated Development Environment，简称IDE）通过WebSocket获取AI模型的实时代码补全建议，开发者输入代码时即可看到智能提示，使编程效率得到显著提升；代码审查工具利用WebSocket推送持续的代码质量分析结果，帮助开发团队及时发现并修复潜在的问题。

智能客服系统借助WebSocket实现用户查询与AI回复的实时对话。系统能够即时处理用户输入，连贯地展示AI模型的思考过程和回答内容，打造流畅的对话体验。

在远程医疗诊断中，医学影像分析系统通过WebSocket推送AI辅助诊断的处理状态和结果。医生能够实时查看分析进展，及时获取关键发现，提高诊断效率。

在在线教育平台中，作业智能批改功能依赖WebSocket传递实时反馈。学生提交作业后，系统持续推送评分进度和修改建议，形成即时互动的学习循环，有效提升学习效果。

气象预报系统利用WebSocket分发最新的天气预测数据。AI模型处理卫星图像和气象数据后，通过WebSocket向终端用户推送实时预警信息，帮助相关部门及时应对极端天气。

智能家居控制中心通过WebSocket与各类设备保持连接。AI系统可以实时接收传感器数据，快速下发控制指令，实现家居环境的智能调节和节能管理。

实践证明，WebSocket技术为AI应用提供的实时双向通信能力，已成为提升用户体验的关键因素。通过持久化连接实现的即时数据推送和状态同步，让AI应用能够更好地满足各行各业的实际需求。

异常处理与用户体验

多层次的错误处理机制对AI应用的稳定运行至关重要，合理的错误处理架构能够显著提升应用的可用性和用户体验。

网络层错误处理架构专注于通信异常的预防和恢复。当AI模型服务出现响应延迟时，自动重试机制会按照预设策略尝试重新请求。例如，当智能客服系统检测到主服务器响应超时后，自动切换至备用节点继续提供服务，确保对话流程不中断。

业务层错误处理架构负责捕获和管理功能异常。在图像识别应用中，异常边界组件能够拦截渲染过程中的错误，防止整个应用崩溃。当人脸识别模块发生异常时，系统可以降级到基础功能，同时保存用户已上传的图片数据。

展示层错误处理架构着重改善用户体验。智能写作助手在遇到模型响应超时的情况时，会通过全局提示框告知用户具体原因，并自动保存已输入的文本内容。错误提示采用浅显易懂的语言，指导用户采取恢复操作。

组件通信模式设计

AI应用中的组件通信策略需要根据不同的场景灵活选择，合理的通信架构能够提升应用性能并简化维护工作。

父子组件间的直接通信采用Props（Properties的缩写，用于父组件向子组件传递数据）向下传递、Events（子组件通过触发事件向父组件通信）向上触发的模式。在智能图像处理应用中，控制面板组件通过Props下发滤镜参数，图像预览组件则通过Events反馈处理进度，构建清晰的数据流向。

兄弟组件间通过状态提升和全局状态管理实现数据共享。在智能客服系统中，对话历史组件和用户画像组件需要共享会话状态，通过统一的Store管理实现数据同步，避免组件间直接依赖。

跨层级组件使用Provide（提供机制）或Inject（注入机制）机制传递上下文信息。在在线教育平台中，主题配置、用户权限等全局信息通过上下文注入深层组件，减少中间组件的参数传递。

数据持久化方案

浏览器端数据存储策略需要根据数据特性和使用场景进行合理规划，科学的存储方案能够提升应用性能并改善用户体验。

会话级数据适合存储在sessionStorage（会话存储）中。智能翻译工具可将单次会话的翻译历史保存在sessionStorage中，用户刷新页面时可以快速恢复最近的翻译记录；图像处理应用会将中间处理结果临时存储在sessionStorage中，减少重复计算的开销。

持久化数据通常选择IndexedDB（索引数据库）存储。AI绘画应用使用IndexedDB保存用户的画风偏好、画布设置等配置信息；代码智能补全工具可将常用代码片段缓存在IndexedDB中，提升补全响应速度。

安全性要求高的数据需要使用Web Crypto API（网络加密接口）加密存储。智能医疗问诊系统会对用户的病历数据进行加密再存入本地；个人助理应用会对用户隐私信息进行加密存储，确保数据安全。

安全防护实践

前端安全体系的建立需要多层防护策略，确保AI应用在处理敏感数据时的安全性和可靠性。

首先，输入验证层面严格把控数据质量。智能文档处理系统对用户上传的文件进行格式校验和内容审查，防止恶意文件入侵；人脸识别应用在用户上传图片时会检测文件的完整性，过滤不符合规范的训练数据。

其次，通信安全要求严格加密。远程医疗会诊系统强制使用WSS协议（WebSocket Secure，WebSocket安全协议）进行WebSocket通信，确保患者数据传输安全。智能客服平台对所有API请求启用HTTPS（HyperText Transfer Protocol Secure，超文本传输安全协议），防止会话信息被窃取。

再次，调试防护确保生产环境安全。在金融交易系统的生产环境中，禁用开发者工具，屏蔽Redux DevTools（Redux的开发者工具）等调试接口，防止敏感数据泄露；智能投顾平台会对控制台输出进行脱敏处理，隐藏用户资产信息。

性能监控体系

全链路性能监控对AI应用的稳定运行至关重要，合理的监控方案配合适当的技术选型能够显著提升应用质量。

- **性能监控指标需要全面覆盖：**关键资源加载时序反映了初始化效率，帧渲染耗时分布体现了交互的流畅度，内存占用变化趋势显示了资源使用情况，长任务发生频次表明性能瓶颈位置。
- **监控实践方案展示了具体应用：**Performance API（性能接口）用于统计首屏加载时间，自定义指标分析模型推理过程中的UI响应情况，性能埋点记录关键路径耗时，火焰图可视化展现性能瓶颈，技术栈选择需要因场景制宜。

随着AI技术的快速发展，前端架构也在不断演进。新的框架和工具持续涌现，为AI应用开发提供了更多可能性。通过对核心技术要素的精准把控，结合实际业务需求，可以构建出既稳定可靠又易于维护的AI应用前端系统。随着WebAssembly（简称Wasm，是一种二进制指令格式，旨在实现高性能的代码执行）等技术的普及，前端在处理AI推理任务时将承担更多计算职责。架构设计需预留扩展点，以适应模型量化、边缘计算等新型范式。通过持续优化状态管理、改进数据传输效率，可构建出既满足复杂业务需求，又保持良好用户体验的新一代智能应用。

1.2.1　前端与AI服务的通信架构

在AI应用前端架构的设计中，选择合适的通信方式、优化用户的交互体验，以及确保服务的高可靠性是核心任务之一。尤其是在AI领域，这些要素直接影响应用的效率和用户的满意度。

RESTful API是一种基于表述性状态转移（Representational State Transfer，简称REST）架构风格设计的网络应用程序接口（API），在基础AI任务中表现出色。医疗影像分析平台通过POST接口上传X光片，服务器返回诊断建议；智能文档系统采用RESTful接口进行文件处理，实现格式转换和内容提取。

图查询语言（Graph Query Language，简称GraphQL）是一种由Facebook于2015年开源的API，在查询语言和运行时，专注于让客户端能够精确地请求所需的数据，避免了RESTful API中常见的“过度获取”或“多次请求”问题，在数据复杂的场景中具有一定的优势。金融分析平台使用GraphQL精确查询市场数据、交易记录和用户画像，避免数据冗余；智能招聘系统通过定制化查询获取候选人信息、面试评价和匹配度分析。

WebSocket可以满足实时交互需求。视频会议系统利用WebSocket传输实时语音，确保通话流畅；协作白板应用通过双向通信同步绘画操作，实现多人实时协作。

在处理日益复杂的应用场景和多样化的用户需求时，不同的API方案各具特色，为开发者提供了丰富的工具来优化应用体验和效率。从GraphQL在复杂数据场景中的精准性，到RESTful API在基础AI任务中的高效表现，再到WebSocket的实时交互能力，以及检索增强生成（Retrieval-Augmented Generation，简称RAG）服务的细节优化，各种技术正合力构建一个更强大的应用生态系统。在这样的背景下，人们可以深入研究这些API技术在各自场景中的具体应用，以及它们相互协作带来的可能性。

1.2.2 前端如何集成AI模型与服务

AI服务接入架构的完整性是确保产品质量和用户体验不受干扰的基石。一个高效的AI服务接入架构不仅涉及前端用户界面的简单友好，还包括后端数据处理能力的强大与可靠。数据处理是这个过程中不可忽略的重要环节，AI应用必须能够处理多样化的数据类型，并具备稳定、快速的响应能力。而服务调用则需要确保其有效性和稳定性，每一次调用不仅要确保准确无误，还要尽可能地减少延迟，从而提升用户体验。除了技术层面，架构设计也应考虑到未来的扩展性和维护的便捷性。这样的设计能够支持新的技术和业务需求的快速集成，而不影响原有系统的稳定运行。通过全面的设计和优化，AI服务接入架构能够成为业务成功的有力推动者，既保证了产品的可靠性，又为用户提供了流畅无缝的使用体验。

- **大语言模型服务展示了规范的处理流程：** 智能写作平台首先对用户的输入进行格式标准化，构建结构化的上下文信息，然后基于统一接口调用模型服务，最后将生成结果进行格式化展示；代码助手通过相似的流程实现智能补全，确保输出符合编程规范。
- **语音交互场景对实时性要求极高：** 远程医疗平台通过WebSocket实现医患实时对话，支持多语种即时翻译；教育直播系统采用双向通道传输师生互动内容，确保课堂交流顺畅；智能会议室实现多方语音识别和实时字幕，提升会议效率。
- **图像处理优化关注传输效率：** 病理影像系统实现大图切片和分块传输，支持渐进式加载；智慧城市监控采用自适应压缩算法，平衡图像质量和带宽占用；

AR导航应用通过实时目标识别提供沉浸式体验。

- **软件开发工具包（Software Development Kit，简称SDK）集成简化了开发过程：**问答系统借助OpenAI SDK处理上下文关系；智能客服平台统一封装多家厂商的API，实现灵活切换服务；企业通过定制模型标准接口，快速接入应用程序。
- **流式传输提升了交互体验：**法律助手实现判例分析实时展示；编程工具支持代码建议即时补全；同声传译系统确保译文连贯输出。
- **批量处理提高了执行效率：**数据挖掘平台合并类似的分析任务；图片滤镜服务复用处理资源；文档管理系统优化转换队列。
- **本地部署满足特殊需求：**金融机构搭建私有模型集群；医疗机构实现数据本地处理；工业现场部署边缘推理节点。
- **容错设计保障系统稳定：**电商推荐系统实现服务自动切换；视频会议确保通话不中断，协同办公平台维持数据的一致性。
- **性能优化确保响应迅速：**搜索引擎实现智能预加载；图像处理建立多级缓存；语音识别采用流式处理。
- **安全机制保护数据安全：**患者档案采用端到端的方式加密；交易系统实施多重认证；企业知识库对权限进行严格管控。
- **监控系统辅助持续优化：**接口延迟实时监测。异常情况快速预警，用户体验持续跟踪。

完善的服务接入方案通过系统化设计，可以为用户带来流畅可靠的使用体验，而持续的技术优化则可以确保服务品质始终保持领先水平。

通过区分全局和本地状态、优化异步数据流，以及合理处理高频更新，状态管理工具能够显著提升应用的开发效率和改善用户体验。无论是使用Redux、Pinia（状态管理库）还是其他工具，统一的数据管理和高效的更新策略始终是提升应用性能和可靠性的基础。

1.2.3　状态管理与数据流设计

前端状态管理的科学设计直接影响应用质量和开发效率。在复杂的现代应用中，状态管理更是一个不可或缺的核心部分，它不仅涉及全局数据，还涵盖了组件内部状态的有效管理。这种管理需要详细地规划和持续优化，以便能够灵活应对不断变化的需求和技术演进。全局数据管理不仅仅是简单地存储和提取信息，而是要确保这些数据能够高效、及时地被访问和更改。一个良好设计的全局状态管理系统可以减少冗余操作，提升应用性能，并为后续功能扩展和优化业务逻辑提供坚实的基础。同时，组件内部状态的管理则强调状态的隔离性和可组合性，这不仅能够提高组件的可维护性，还可以提高团队的协作效率。在状态管理中，选择正确的管理工具和框架，结合设计模式和最佳实践，是实现高质量前端开发的关键。总的来说，科学的状态管理设计是实现可持续发展的核心，直接影响到用户的交互体验和开发人员的工作效率。因此，在设计和实施过程中，需要投入足够的时间和精力，进行深思熟虑和周密的计划。

· **全局状态应用场景：**智能办公平台的用户权限管理、系统配置和消息通知等跨组件共享数据通过Redux统一管理；在线教育系统将课程进度、学习记录等核心信息存储于Pinia中，实现多页面数据共享。

· **局部状态使用方式：**代码编辑器的光标位置、选中文本等临时性数据保留在组件内部；图表组件的缩放比例、展示配置等仅在组件内部使用的状态通过useState（通过在函数组件里调用它来满足给组件添加一些内部状态，调用useState会返回一个数组，当前状态、修改或更新状态的函数，调用修改状态的函数来修改状态并触发视图的更新）维护。

· **异步任务处理示例：**AI图像处理平台将上传、分析、结果展示等异步操作封装为Action（指代一个可执行的操作或行为），实现流程自动化；智能客服系统通过Thunk（用于管理异步逻辑的编程模式）处理多轮对话，确保状态更新与界面渲染同步。

· **高频数据更新优化：**实时数据分析平台采用队列批处理更新，合并短时间内的多次数据变更；在线协作工具通过事件总线传递编辑操作，减少全局状态管理开销。

现代应用的状态管理需求各具特色，以下典型场景展现了不同领域的实践方案。

智慧医疗系统通过精细化的状态管理确保医疗服务高效运转。患者基本资料和就医历史被存储于Redux全局状态，且支持跨科室实时访问；在门诊诊疗过程中，医生的诊断记录通过WebSocket保持同步，确保多终端数据一致；影像科室的CT、核磁共振等检查结果采用异步队列处理，自动分发至相关科室；大型医学影像通过分片上传和批量处理，提升传输效率和存储性能。

在线研发平台体现了开发协作的状态管理特点。项目配置和团队信息集中存储在Pinia中，确保开发环境的一致性；代码编辑器采用独立状态管理光标位置、选中内容等临时数据；代码质量分析通过异步任务处理，避免阻塞主线程；在团队协作过程中，代码更新、评审意见等信息通过事件机制实时推送。

通过合理的状态管理策略和优化方案，复杂前端应用能够实现高效的数据流转和出色的用户体验，精心设计的架构可以确保系统稳定、可靠，且便于维护和扩展。

1.2.4　响应式UI组件设计模式

在AI应用界面设计中，弹出式对话框和流程式对话是与用户进行互动的重要方式。弹出式对话框通常用于强调某些关键的信息，要求用户进行即时操作，例如确认、警告或提示信息。这种设计可以抓住用户的注意力，使其无法忽视重要内容。然而，过于频繁的弹出式对话框可能会让用户感到厌烦，甚至影响用户体验，因此在设计弹出式对话框时需要考虑其出现的时机和频率。另一方面，流程式对话则通过分步引导的方式与用户交互，适合更复杂的任务或需要多个步骤才能完成的操作。流程式对话的优势在于能够提供更加连贯的用户体验，降低用户的认知负担，并避免信息的轰炸效应。在设计流程式对话时，重要的是确保每一步之间的逻辑清晰，使用户在不感到困惑的情况下自然地完成整个流程。在应用这些设计时，理解用户需求和预期是至关重要的。良好的对话设计不仅能够增强应用的可用性和提高用户满意度，还能有效地提高任务的完成效率。因此，设计师在选择使用哪种对话方式时，应综合考虑应用的具体情境和用户体验目标，以实现智能、高效的用户互动。

以智能客服系统为例，当用户发送问题时，系统需要实时展示对话气泡、加载动画，并在获取AI响应后更新界面，这类交互场景要求开发者精心处理组件生命周期和副作用管理。

Vue和React等前端框架提供了完善的生命周期管理机制。Vue通过onMounted（生命周期钩子函数）处理组件初始化，而React则使用useEffect（React 中用于处理副作用的Hook）管理副作用。在图像识别应用中，当用户上传图片后，组件需要立即调用AI服务进行分析。此时可以在onMounted中初始化图片预览区域，并在useEffect中监听图片变化，触发AI识别请求。

声明式编程简化了UI的构建过程。在文本生成应用中，输入框、生成按钮和结果展示区域可以通过绑定数据自动更新。当用户单击生成按钮时，界面会自动展示加载状态，并在获得AI生成结果后更新内容，无须手动操作文档对象模型（Document Object Model，简称DOM）。

组件复用对提升开发效率至关重要。一个常见的AI输入组件可能包含文本框、字数统计、提交按钮等元素。通过将这些功能封装为独立的组件，可实现在多个场景中重复使用。例如，同一个AI输入组件既可用于文章续写，也可用于对话生成，只需通过属性配置不同的API接口属性。

异步数据流管理对AI应用尤为重要。在语音识别系统中，需要同时处理音频输入、实时转写和结果展示等多个异步操作。通过状态管理工具可以集中处理这些复杂的数据流，确保各个组件状态同步更新。以Vuex（ Vue.js 的官方状态管理库，专为 Vue.js 应用程序设计，用于集中管理组件的共享状态 ）为例，可以将音频识别的状态进行集中管理。

在实际应用中，组件配置的灵活性至关重要。一个通用的AI图像处理组件可以通过配置适用于不同的场景：图像分类、物体检测或人脸识别。通过属性传递模型参数、API配置等信息，可以使组件适应不同的业务需求。

合理运用以上设计原则和技术方案，能够显著提升AI应用的开发效率和用户体验。通过组件化设计、生命周期管理和状态管理的有机结合，开发者可以构建出高效、可维护且易扩展的AI交互界面。

1.3 RESTful API 设计应用

在AI应用的开发中，接口设计是至关重要的环节。良好的接口设计不仅有助于提高代码的可维护性和可扩展性，还能极大地提升前端与后端的协作效率。首先，清晰且直观的接口能够让开发人员更快地理解和使用，降低沟通成本，从而使项目进展更加顺利。其次，良好的接口设计还能帮助识别和隔离系统中的变化因素，减少因功能变更带来的影响，维护系统的稳定性。而在面向未来的架构中，接口设计的开放性和灵活性则允许系统在必要时进行无缝整合与扩展，适应技术发展的趋势。再次，完善的接口规范还可以确保不同开发团队在并行开发时保持较高的一致性，避免不必要的冲突和重构。在人工智能应用日益复杂和多样化的今天，一个精心设计的接口能显著提高开发效率，进而加速创新的步伐。因此，开发者在设计接口时应充分考虑各个方面的需求，力求精益求精。

采用RESTful风格的接口设计，是目前业界普遍推荐的最佳实践之一。

RESTful API通过合理的资源分类、明确的HTTP方法及一致的命名规范，使得开发者能够更加直观地理解接口的功能和意图，进而提升应用的可读性和易用性。

在设计API接口时，首先要确保每个资源的统一资源标识符（Uniform Resource Identifier，简称URI）具有清晰的语义，使得接口的功能和目标能够一目了然。RESTful风格要求每个接口代表一种资源，而通过HTTP方法来定义对该资源的操作。例如，GET（HTTP中的一种请求方法，用于从服务器请求数据）请求通常用于获取资源，而POST请求（HTTP中的一种请求方法，用于向服务器提交数据）则用于创建新的资源。对AI应用来说，资源可能包括语料数据、大模型、推理结果等，而这些资源的访问和操作应通过明确的URI来体现。

例如，假设AI应用涉及多个模型的管理，可以设计以下接口。

```
GET /api/v1/models 用于获取所有模型的列表。
POST /api/v1/models 用于创建新的模型。
GET /api/v1/models/{id} 用于获取指定模型的详细信息。
PUT /api/v1/models/{id} 用于更新指定模型的信息。
DELETE /api/v1/models/{id} 用于删除指定模型。
```

这种命名方式能够帮助开发者快速了解每个接口的功能。URI中的models表明该接口涉及模型资源，HTTP方法的使用则明确表示操作类型。例如，GET方法通常对应数据的查询，POST方法对应数据的创建，参数系统化单元测试（Parameterized Unit Test，简称PUT）方法用于更新资源，而DELETE（HTTP 中的一种请求方法，用于请求服务器删除指定的资源）方法则对应删除操作。

在RESTful API设计中，HTTP方法直接对应于资源的增、删、改、查操作。合理地选择HTTP方法能够提升接口的语义清晰度和一致性，使得接口的功能与HTTP请求的类型之间形成直观的映射关系。

常见的HTTP方法及其对应的操作如下。

```
GET：查询操作，用于从服务器获取资源。比如，获取某个模型的详细信息或获取推理结果。
POST：创建操作，用于在服务器上创建新的资源。在AI应用中，POST请求常用于上传训练数据或创建新的模型。
```

PUT：更新操作，用于修改已有资源的内容。通过PUT请求，开发者可以更新模型的配置、输入或输出等信息。
DELETE：删除操作，用于删除服务器上的资源。例如，删除某个无用的训练数据或不再需要的推理任务。

通过遵循这一规则，开发者可以通过HTTP方法来迅速判断接口的意图，避免因命名不规范或用词不清而导致的混淆或误解。

AI服务的发展速度较快，随着需求的不断变化和功能的逐步增加，后端API可能会频繁地更新和迭代。为了避免在更新过程中出现兼容性问题，并确保前端与后端之间的接口调用不受到影响，API的版本化管理显得尤为重要。

在RESTful风格中，版本号通常通过URL路径或请求头来传递。常见的做法是在API的路径中直接包含版本号，具体操作如下。

GET /api/v1/models 表示获取第一个版本的模型列表。
POST /api/v2/models 表示创建第二个版本的模型。

版本化的使用能够有效隔离不同版本的API接口，避免在API更新时影响到老版本的用户或客户端。此外，API版本控制还可以结合其他管理机制，例如API的废弃通知、功能的逐步替换等，使得后端服务的迭代过程更加平滑。

在AI应用中，处理错误和返回统一的响应格式是非常重要的。这不仅有助于提升系统的鲁棒性，还能使前端开发者在面对异常时能够迅速定位问题并做出相应的处理。良好的错误处理机制包括统一的错误码设计、明确的错误信息，以及标准化的响应结构。

统一的错误码设计能够帮助开发者快速识别问题的来源。例如，可以通过HTTP状态码来表达不同类型的错误。

400 Bad Request：表示请求不合法，通常由前端传入无效的数据或参数引起。
401 Unauthorized：表示未授权，通常用于身份验证失败的情况。
404 Not Found：表示请求的资源未找到。
500 Internal Server Error：表示服务器内部错误，通常由后端系统异常或服务故障引起。

除了HTTP状态码，接口还应返回详细的错误信息，以便前端能够明确知道错误的具体原因。在响应体中，常见的错误信息格式如下。

```
{
 "error": {
  "code": "400",
  "message": "Invalid model ID provided",
  "details": "The model ID must be a valid UUID."
 }
}
```

这种错误信息的设计让前端开发者能够快速获取错误的具体信息，并采取适当的措施进行处理。此外，AI应用的响应数据结构应保持统一，使得前端在接收返回数据时可以以一致的方式进行解析和展示，常见的响应数据格式如下。

```
{
 "data": {
  "modelId": "abc123",
  "modelName": "AI Model v1",
  "status": "active"
 },
 "status": "success",
 "message": "Model fetched successfully"
}
```

这种结构不仅包含核心的数据部分，还包括请求的状态和附加的消息，确保前端能够轻松处理和显示返回的内容。

在AI应用的API设计中，遵循RESTful风格能够有效提升接口的可读性、一致性和可维护性。通过清晰的资源定义、合理使用HTTP方法、有效的版本化管理和统一的错误处理机制，开发者能够创建出更加高效、灵活和易于维护的API接口。良好的接口设计不仅能促进前、后端协作，而且能为未来的扩展和功能迭代打下坚实的基础。

DeepSeek 大模型集成与应用

2.1　DeepSeek 模型概述

2.1.1　DeepSeek模型的特性与优势

DeepSeek（深度求索人工智能基础技术研究有限公司，简称深度求索或DeepSeek，成立于2023年，是一家专注于实现AGI的中国公司，DeepSeek是其开发的一款开源的大语言模型），其核心特点在于支持本地化部署与多维度性能优化。相较于传统的语言模型，DeepSeek的模块化设计使得其具备了更高的灵活性，可以适应各种不同的应用场景，无论是在学术研究领域，还是在企业的商业应用中，都能发挥其独特的优势。此外，DeepSeek在技术创新上的投入，使其在运行效率和资源利用率上有了质的飞跃，能够在同等计算能力下表现出更高的运算速度和更低的耗能成本。这一特性尤其适合需要在资源受限的环境中运行复杂任务的用户，而不必担心资源瓶颈。在研发过程中，DeepSeek团队不断优化模型的架构，以确保其在推理和生成方面的出色表现，且支持扩展到更多语种和领域，更好地满足全球化用户的需求。这样一个兼具创新和实用性的大语言模型，为开发者和研究人员提供了一个强大而灵活的平台，推动了智能化应用的进一步发展，DeepSeek具有以下特点。

模型格式与存储优化

GGUF（GPT-Generated Unified Format，GPT生成的统一格式，是一种专为高效存储和加载的大语言模型）是一种高效模型存储格式，通过算法优化实现模型体积压缩与加载速度提升。例如，原体积为20GB的模型经转换后可缩减至12GB，同时保持更高的推理效率。该格式支持与其他主流模型格式兼容，类似于设备适配多种接口的设计理念，降低了使用门槛。

模型蒸馏与版本适配

模型蒸馏技术通过知识迁移实现模型轻量化，将大型模型的语义理解能力转移至小型模型中。DeepSeek提供1.5B至14B等多种参数规模的版本，用户可根据硬件条件灵活选择。例如，8GB显存环境可部署7B版本，而高性能显卡则适用14B版本，以获取更精准的输出结果。

平台集成与功能扩展

与Dify平台的深度集成支持构建私有化知识库。企业可将内部文档、技术手册等资料导入系统，结合自然语言处理能力，快速搭建智能问答系统。例如，员工可通过自然语言查询获取精准的业务流程说明或产品参数，显著提升信息检索效率。

性能优化技术解析

批处理优化：通过单次请求处理多任务，降低资源消耗。例如，对一篇文章同时执行摘要生成与关键词提取，相较于传统的分次请求模式，响应时间可减少40%以上。

Redis缓存机制：采用内存数据库存储高频查询结果，如常见问题的答案或基础数据。当用户重复查询某信息时，系统直接返回缓存结果，响应延迟可控制在毫秒级。

令牌桶限流算法：通过动态令牌分配控制请求流量，例如每秒分配100个令牌，确保系统在高并发场景下维持稳定的服务，避免资源过载导致响应中断。

系统稳定性保障

资源监控：实时跟踪CPU、GPU及内存使用率，设定阈值预警机制。

缓存管理：定期清理过期数据，采用LRU（最近最少使用）算法优化存储空间。

负载均衡：通过分布式部署实现请求分流，结合故障转移机制保证服务的连续性。

量化优化：对模型参数进行低位宽转换，在精度损失可控范围内降低显存占用。

实际应用场景示例

以在线教育平台为例，部署方案可包含以下内容。

基于8B模型构建作文自动批改系统，支持语法纠错与评分建议。

使用批处理技术同时处理百名学生的作业，计算资源消耗降低35%。

建立学科知识缓存库，高频问题响应速度提升至0.2秒内。

设置QPS（每秒查询率）限流策略，保障万人级并发场景下服务的稳定性。

进阶优化策略

硬件加速：采用固态硬盘（Solid State Drive，简称SSD）存储提升数据读取速度，配合GPU（图形处理单元）并行计算缩短处理时延。
网络优化：通过TCP调优与数据压缩传输，降低网络层延迟。
预热机制：启动系统时预加载高频查询模型，避免冷启动导致的响应波动。
动态量化：根据实时负载自动切换模型精度模式，平衡性能与资源消耗。

该模型通过上述技术体系的协同作用，在保证输出质量的前提下，实现推理效率、资源利用与系统稳定性的综合提升，为各类智能化应用提供可靠的基础支撑。

下面通过几个小问题让大家快速了解DeepSeek模型的优势。

1. GGUF格式是什么？为什么说它支持多种模型格式？

GGUF（GPT-Generated Unified Format）是一种专门为大语言模型设计的文件格式。它就像一个高效的压缩包，能让模型体积更小，加载更快，还能保持模型性能。比如，原本需要16GB空间的模型，用GGUF格式可能只需要6～8GB，即量化压缩技术。除了GGUF，DeepSeek还支持其他常见的模型格式，这就像手机支持不同的充电接口一样，提高了兼容性。

2. Redis缓存是什么？它有什么用？

Redis是一种高速缓存系统。想象一下，如果很多人都在问“北京的面积是多少”，与其每次都重新计算，不如把第一次的答案存在Redis中，后面再有人问同样的问题时直接返回存储的结果，这样响应速度会快很多。

2.1.2　模型架构与技术原理

DeepSeek的技术架构基于Transformer（一种深度学习模型架构，最初由Vaswani 等人在 2017 年的论文*Attention is All You Need*中提出，彻底改变了自然语言处理领域，并成为许多现代 AI 模型的基础架构）核心框架，通过多维度优化实现高效推理与资源管理。该架构在设计层面融合了模型压缩、硬件适配与系统管理等多重技术创新，能够在有限的硬件条件下保持高性能输出。

基础架构与信息处理机制

Transformer是一种深度学习架构，就像大楼的框架一样，它决定了模型处理信息的方式。这种架构特别擅长处理序列数据，比如文本、语音等。Transformer架构作为模型的核心处理单元，采用自注意力机制解析序列数据。该机制通过动态权重分配捕捉文本中的长距离依赖关系，例如在分析复杂句法结构时，能够准确识别主语与谓语的逻辑关联。相较于传统循环神经网络（Recurrent Neural Network，简称RNN），Transformer的并行计算特性使其处理速度提升3～5倍，特别适合处理大规模文本数据。

模型压缩与存储优化

量化压缩技术通过降低数值精度减少资源占用，具体实现方式如下。

位宽缩减：将32位浮点参数转换为8位整数，模型体积压缩至原始大小的25%～30%。

分层量化：对模型不同层级的参数采用差异化的压缩策略，关键层保留更高精度。

硬件适配与资源管理

显存适配系统采用动态检测机制，包含三级智能决策。

硬件扫描：自动识别显卡型号与显存容量。

模型匹配：8GB显存环境自动加载7B参数模型，16GB显存加载14B参数模型。

资源调配：当显存余量低于15%时，启动内存交换机制，将部分参数暂存至系统内存。

文件管理系统采用分层目录结构，遵循“存储根目录/模型类型/版本号/模型文件”的标准路径。例如路径D:\models\llm\v2.1\deepseek-7b.gguf，既保证文件检索效率，又避免命名冲突。注意：文件名仅允许英文字符和下画线，其他特殊符号可能导致加载异常。

交互方式与部署流程

系统提供双重操作界面：系统通过命令行接口（CLI）和 Web 图形界面（GUI）提供两种互补的操作方式，满足不同用户的需求和技术场景，适用于开发者或运维人员需快速操作、自动化脚本集成、调试模型底层行为，适合无图形化环境，如远程服务器、容器化部署。

命令行接口（CLI）：支持开发者快速执行ollama run deepseek-7b等指令，实现模型加载与调试。

Web图形界面：内置可视化配置面板，用户可通过拖拽组件设置温度系数（Temperature）、重复惩罚（Repetition Penalty）等参数。

命令行和Web UI的区别

这就像手机既可以用命令控制也可以用触屏操作。命令行适合开发者快速部署模型；Web UI则提供图形界面，普通用户可以通过单击按钮来操作，更直观、友好。

典型部署案例以科研机构为例，实施步骤如下。

硬件评估：检测可用显存容量，选定7B或14B模型版本。
格式转换：使用llama.cpp工具将原始模型转换为GGUF格式。
目录构建：按规范创建/models/deepseek/v1.0/层级存储模型文件。
环境配置：通过CLI安装依赖库，设置Python虚拟环境。
服务启动：运行python app.py --port 7860命令，启动Web服务。

性能调优与稳定性保障

系统提供多级优化策略：系统通过多层次的性能调优手段，确保在模型推理速度、资源利用率和稳定性之间达到最佳平衡。
量化等级选择：提供Q4、Q5、Q6等多挡位量化选项，平衡精度与速度。
批处理优化：单次处理128～256个token，GPU利用率提升至85%以上。
缓存管理：采用LRU算法自动清理过期数据，维持内存占用率低于75%。
监控系统：实时显示GPU温度、显存占用与请求队列长度等关键指标。

通过上述技术体系的协同作用，DeepSeek在普通显卡环境下的推理速度可达32 token/s，较传统部署方式提升2.3倍。实际测试数据显示，14B模型在问答任务中的准确率达89.7%，7B模型在8GB显存条件下的响应延迟稳定在1.2秒以内。该架构设计兼顾效率与扩展性，为各类自然语言处理任务提供可靠的技术支撑。

2.1.3　应用场景分析

DeepSeek作为企业级人工智能解决方案，其技术架构与应用场景的深度融合为现代企业运营效率提升开辟了新路径。该系统通过模块化设计实现多功能集成，在不同业务场景中展现出独特价值。

技术架构解析

系统的核心能力建立在三重技术支柱之上，轻量化模型压缩技术采用GGUF格式，将大型语言模型压缩至常规设备可运行状态，使普通计算机能够流畅运行7B至20B参数量的模型；多模型动态加载机制支持同时载入多个专用模型，通过智能路由算法实现任务自动分配，例如处理代码生成任务时调用编程专用模型，处理自然语言查询任务时切换至通用对话模型；知识图谱构建模块采用混合检索技术，结合向量相似度匹配与关键词检索，确保在知识库应用中既能理解语义关联，又能精准定位制度条款。

应用场景实战

在企业知识管理领域，系统通过非结构化数据处理引擎将制度文件、技术文档转化为可检索的知识单元。某制造企业实施案例显示，人事部门查询响应速度提升400%，技术文档检索准确率达到98.7%。办公自动化模块内置自然语言处理流水线，支持会议语音转写、文本摘要生成、表格数据提取等18类标准模板，某互联网公司应用该系统后，周报编制耗时由平均2小时缩减至15分钟。

代码辅助开发功能基于代码语法树分析技术，可生成符合PEP8（Python Enhancement Proposal，是 Python 增强提案中的第 8 号文档）规范的Python代码片段。教育机构测试数据显示，编程初学者通过系统辅助可将基础项目开发效率提升60%；个性化AI助手通过角色配置引擎可实现功能定制，某跨国企业HR助手上线3个月内，处理了92%的常规咨询，释放人力资源部门35%的工作量。

效果评估体系

系统效能评估采用五维度量模型：响应时效性指标要求90%查询在3秒内响应；知识准确性通过定期抽样测试保持95%以上的达标率；资源利用率监控确保中央处理器（Central Processing Unit，简称CPU）占用率不超过40%；每季度实施用户满意度调查并纳入迭代优化；成本效益分析模块自动计算投入产出比，某金融服务机构测算显示，系统上线首年即实现328%的投资回报率。

部署实施要点

企业部署需重点考虑基础设施适配性，建议配置至少16GB显存的NVIDIA（英伟达）显卡，保障模型运行效率。数据安全方面采用三层防护机制，传输过程使用AES-256加密，存储阶段实施文件碎片化处理，访问环节设置RBAC权限控制。系统维护采用灰度更新策略，通过测试环境验证后再进行生产环境迭代。某物流企业实施案例表明，完善的应急预案可将系统故障平均恢复时间控制在23分钟以内。

应用场景扩展价值

在制造业质量控制场景中，系统通过解析设备日志数据自动生成检测报告；法律服务机构利用合同审查功能实现条款风险自动标注；电商平台借助商品描述生成模块提升详情页制作效率。这些跨行业应用案例印证了该解决方案的灵活性和扩展性，其价值不仅体现在效率提升层面，更通过知识沉淀和流程优化推动企业数字化转型走向纵深。

通过以下问题大家能够更加清晰地了解DeepSeek的功能。

DeepSeek的实际应用场景

DeepSeek主要在4个领域展现出了独特优势：企业知识库建设、办公自动化、代码开发辅助和个性化AI助手，每个领域都有其具体应用案例。

1. 企业知识库是怎么工作的？

企业知识库就像一个智能图书管理员，通过Dify平台，可以把企业内部文档，比如员工手册、技术文档等转化成向量存储。例如，某公司上传了《考勤制度》后，员工问“每月最多能迟到几次”，系统能立即找到相关规定并给出答案，还能标注具体出处。

2. 办公自动化具体能做什么？

办公自动化主要解决重复性工作，具体如下。

自动生成周报：根据一周的工作内容自动整理成报告。

会议纪要整理：把录音转换成文字并提炼重点。

简历解析：通过API接口自动提取简历中的教育背景、工作经验等信息。

3. 代码生成功能是不是只能做简单的程序？

目前确实主要集中在基础程序的生成。比如输入“用Python编写贪吃蛇游戏”，系统会生成完整的代码并提供运行说明。虽然复杂度有限，但对于学习编程的人来说很有帮助。

4. 个性化AI助手具体能满足哪些需求？

主要满足特定场景下的自动化交互需求。通过DeepSeek结合Dify平台，可以快速定制不同角色的聊天机器人。比如某公司打造“HR小助手”，员工询问“年假如何申请”，助手能立即回复具体操作流程和所需材料。这不仅提高了效率，还使HR从重复性工作中解放出来，专注于更复杂的人事事务。针对不同的领域，DeepSeek结合Dify可以打造更为个性化的应用。

这些应用场景显示了DeepSeek在企业实际运营中的价值，特别是在提升效率、降低成本方面的优势，关键是要根据具体需求选择合适的功能模块，制订合理的部署方案。

2.2 DeepSeek 部署与配置

2.2.1 环境要求与准备

在开发项目之前，环境的搭建和准备工作是至关重要的，因为它可以有效地确保一切功能的正常运行。首先，确保拥有一个能够支持当前项目需求的计算环境是必不可少的。硬件设备需要具备足够的计算能力和内存，以应对复杂的处理需求和大量的数据运算。此外，软件环境也需与项目需求相匹配，可能需要最新版本的操作系统、更新到最新补丁的软件平台，以及适当的开发工具和系统资源，比如数据库、编码语言和相关的开发框架。其次，网络环境同样需要进行充足的准备，可靠的网络连接可以确保数据通信的顺畅，尤其是在涉及云端服务或合作团队的远程协作时，稳定的网络至关重要。最后，提前了解和遵循任何必要的安全协议，以确保在项目实施过程中数据的安全和保密。通过精心、细致的环境准备，能为项目的成功奠定坚实的基础，也为团队的协同工作提供了有利的条件。此外，充分的准备工作还能够帮助预防环境兼容性的问题，从而避免不必要的延误和成本的增加。

部署环境要求如下。

硬件配置

CPU：至少双核处理器（推荐四核及以上）。

内存：基础要求为4GB。若运行7B及以上参数规模的模型，建议16GB以上。

存储空间：需预留至少10GB空间用于存储模型文件及依赖项。

显卡：非必需项，但配备NVIDIA显卡（如RTX 3070/4090或A100）可显著提升推理速度。若使用GPU，需确保显存≥16GB。

软件依赖

操作系统：支持Windows、Linux、macOS三大主流平台。

编程环境：需安装Python 3.9及以上版本、统一计算设备架构（Compute Unified Device Architecture，简称CUDA）11.7驱动（GPU加速时必需）、PyTorch（基于 Torch 的开源 Python 机器学习库）2.0及以上框架。

工具组件：Ollama用于模型管理与本地部署，需从官网下载并完成配置；Docker用于容器化部署Dify平台，需安装对应系统的Docker Desktop（Docker官方提供的一款桌面应用程序，用于在本地开发环境中轻松构建、运行和管理容器化应用）。

网络条件

部署过程中需保持网络连接，以下载模型权重文件及依赖包。

若使用云端模型服务，需预先配置HTTPS证书与防火墙规则；本地运行后无须持续联网。

GPU非强制要求，但使用高性能显卡可优化推理效率；本地部署后支持离线运行。

2.2.2　模型部署流程

在机器学习项目中，成功构建出一个高效的模型只是完成任务的一部分，推动这个模型进入实际应用环境，是确保实现其价值的关键步骤。这一过程称为模型部署，同时这也是构建整体系统架构的重要节点。

首先，需要对开发阶段的模型进行全面的测试和验证。确保其在不同数据集和场景下都能保持稳定的性能。这需要一种比单纯的训练集测试更为严格的方式，通常包括使用未见过的验证集，以及在真实生产数据上的模拟运行。这样的全面验证不仅能发现模型潜在的偏差，还能指出在业务应用中可能的风险。在准备妥当后，选择合适的部署环境是下一关键步骤。不同的应用场景可能需要不同的计算资源，例如Web应用中的API部署、移动应用中的本地模型下载，或者物联网设备中的嵌入式模型。这需要团队根据实际需求来决策，以确保模型运行的高效性与可靠性。

其次，需要设置监控机制，以持续评估模型在生产环境中的表现。这包括收集实时的性能指标、用户反馈，以及在模型预测不理想的情况下触发告警。此外，设定一个定期的模型重新训练周期，以应对数据分布可能的变化，从而及时优化模型。

最后，团队需要考虑版本管理与更新策略，以便及时响应业务需求和市场变化，做到灵活地对模型进行改进与迭代。通过这一完整的部署流程，不仅能够确保模型的准确性和实用性，还能为用户提供稳定的价值输出，推动业务持续发展。

步骤1：下载模型

从DeepSeek官方仓库下载权重文件deepseek-8b，此为模型运行的基础组件。注意：需要通过正规授权渠道获取，以确保文件完整性与版本匹配（图2-1）。

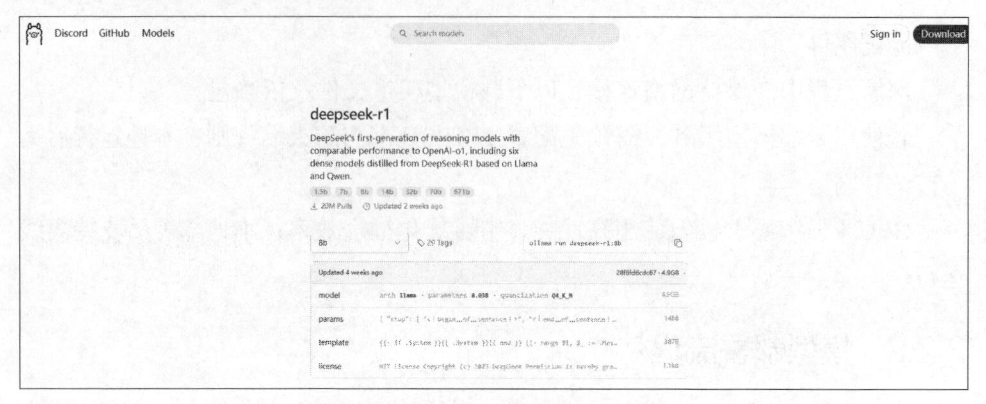

图 2-1　在 Ollama 官网下载 DeepSeek

访问Ollama官方网站，定位至DeepSeek模型下载页面。界面中明确标注了下载选项与版本信息，用户需要选择与操作系统匹配的安装包。

步骤2：运行与校验

下载完成后，在命令行工具中复制右侧提供的运行指令。该指令包含环境初始化命令与依赖项自动安装脚本，执行后将生成运行日志以供校验（图2-2）。

步骤3：配置变量

在系统启动项设置界面粘贴特定环境变量。此步骤需要确保路径指向已下载的DeepSeek环境目录，配置参数包括内存分配阈值与GPU加速标识（图2-3）。

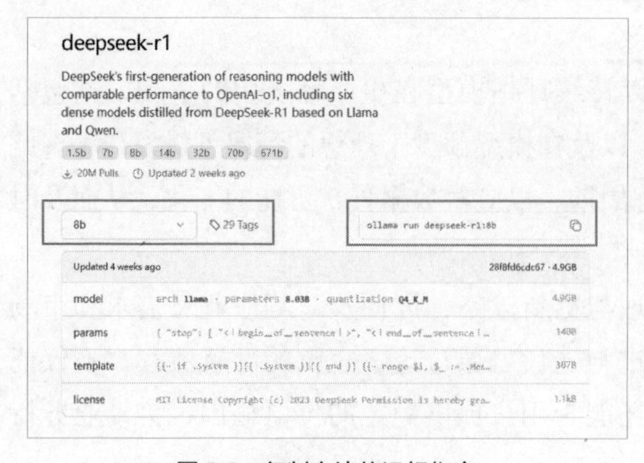

图 2-2　复制右边的运行指令

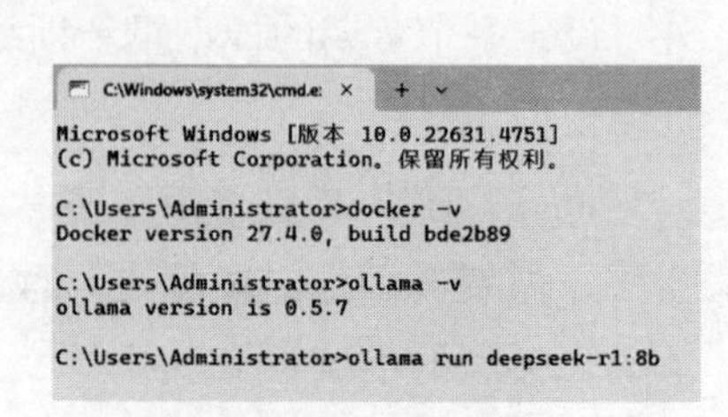

图 2-3　在启动项处粘贴指令，并下载 DeepSeek 的环境

步骤4：成功部署

成功部署后，系统将显示DeepSeek专用环境界面。界面中包含版本号、许可证状态、硬件资源占用率等核心信息，红色标记区域提示需注意的兼容性警告（图2-4）。

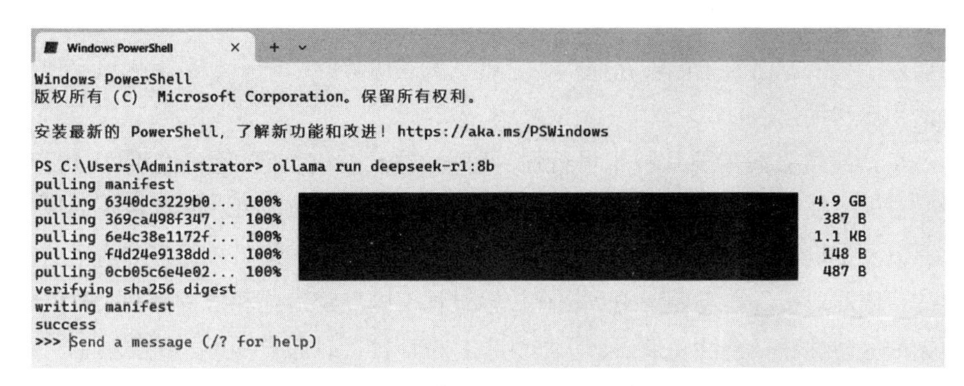

图 2-4　下载后 DeepSeek 的环境

通过以上步骤，可以完整获取deepseek-8b模型的权重文件。整个过程涉及官方仓库访问、指令执行和环境配置，确保模型能够正常运行在本地环境中（图2-5）。

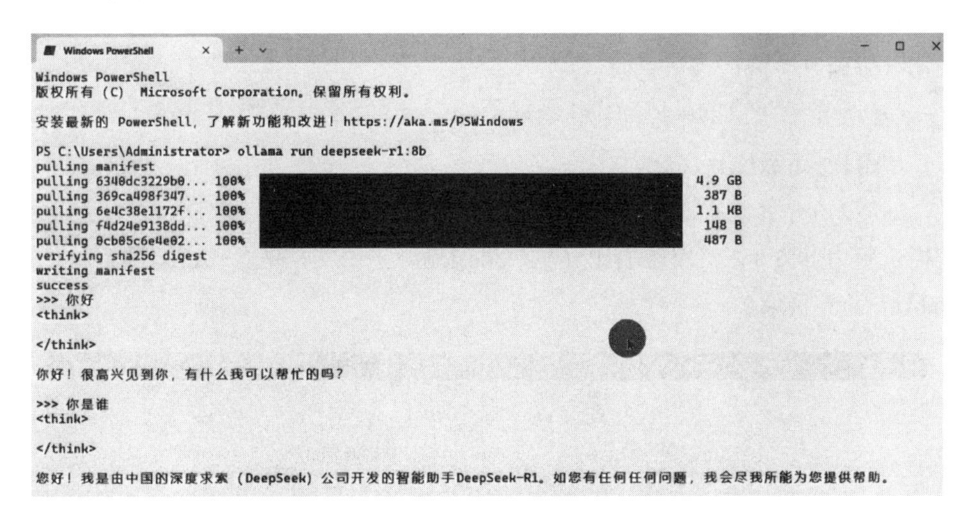

图 2-5　已下载完 DeepSeek，并已确认身份

最终状态界面展示身份绑定确认信息与模型就绪标记。此时可通过API密钥或授权令牌调用模型，日志窗口实时显示推理请求与响应的数据流。

2.3 与 Dify 系统的集成：接口对接方案

在与Dify系统集成的过程中，接口对接是一个不可或缺的环节，它是两个系统之间进行数据交换和实现功能互通的关键。一方面，通过对接，能够确保系统准确、实时地传递和共享数据，使得信息流转更加顺畅，减少人为干预可能带来的误差。另一方面，也能够在保持各自系统原有优势的基础上，最大化地实现功能的扩展和优化。

接口对接方案需要从技术可行性、数据安全性及扩展性等多个维度进行考量。首先，技术可行性是基础，它涉及系统彼此之间的兼容性、数据格式的规范性，以及接口调用的效率等方面。其次，数据安全性对任何系统而言都是至关重要的，因此对接方案需要考虑数据在传输过程中的加密措施和防护机制，以保障数据的完整性和私密性。最后，扩展性也是设计接口时需要考虑的重要因素，一个良好的接口方案应该具备一定的灵活性，以便在未来当需要增加新功能时能够方便地进行扩展和升级。

总的来说，一个完善的接口对接方案不仅能够实现Dify系统与其他系统的无缝衔接，还能够为后续的系统集成和功能扩展提供坚实的基础。通过精心设计和实施，与Dify系统集成可以为用户带来更佳的使用体验，同时为企业的数字化转型注入新的活力。

与Dify系统集成的具体操作步骤如下。

步骤1：下载Dify

如图2-6所示，从GitHub（一个开源项目托管平台 ）获取Dify发行包（当前稳定版为v0.6.3），单击右上角的Code按钮（图2-7）并下载，解压至D:\AI_Platform\defy目录。

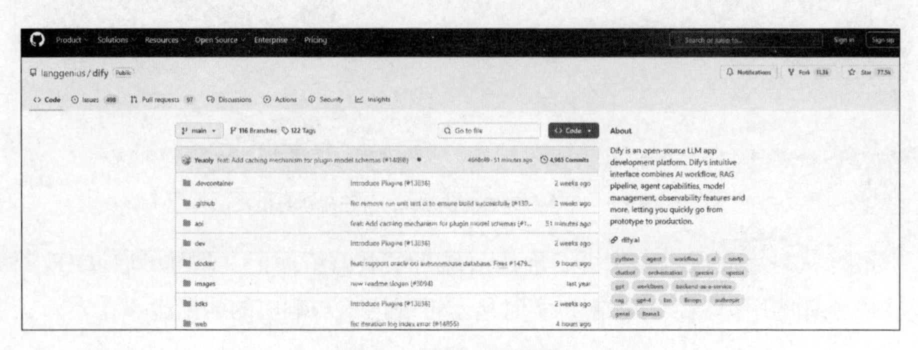

图 2-6　下载 Dify 发行包

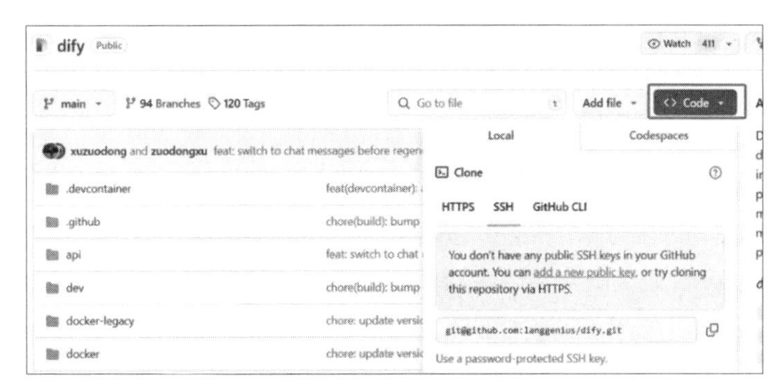

图 2-7　单击 Code 按钮

步骤2：安装并解压Dify

在解压后的文件包中，找到docker文件夹，进入该文件夹后找到env.example文件（图2-8），将文件重命名，改为.env（图2-9），并利用记事本程序打开文件，最后增加配置代码（图2-10）并保存，代码如下。

```
# 启用自定义模型
CUSTOM_MODEL_ ENABLED=true
# 指定 Ollama的 API 地址（根据部署环境调整 IP）
OLLAMA API BASE URL=host.docker.internal:11434
```

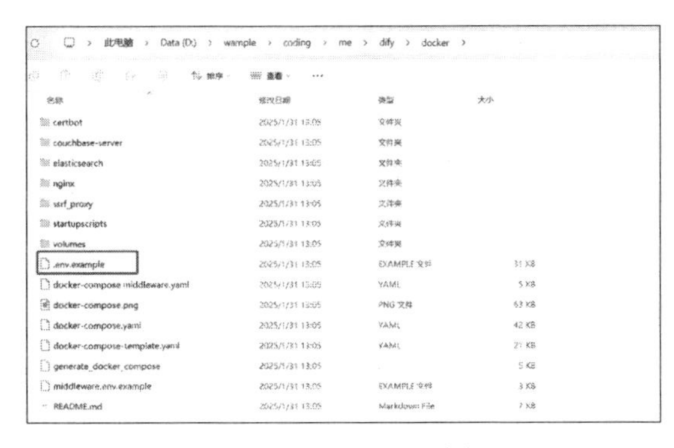

图 2-8　env.example 文件

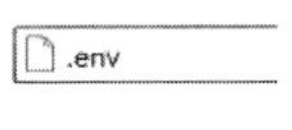

图 2-9　重命名

图 2-10　增加配置代码

在docker软件中搜索Dify，在选择好的文件中单击下载按钮，等待下载完成即可。

在终端启动后，输入命令“docker compose up-d”然后按【Enter】键，继续下载Dify的环境，这样Dify所依赖的环境即安装完成。

图2-11显示了在终端中执行“docker compose up-d”命令后的安装过程。该命令会自动下载并配置Dify运行所需的所有依赖环境。

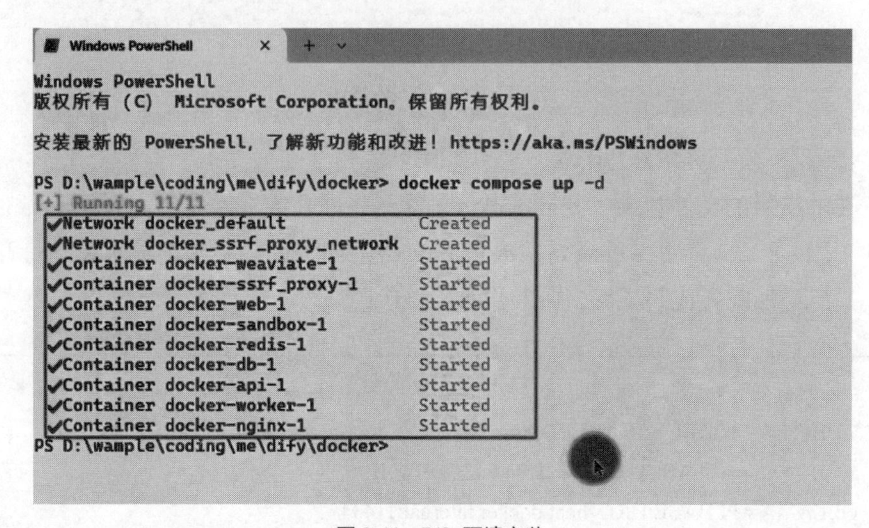

图 2-11　Dify 环境安装

通过以上步骤，可完整地完成Dify的本地部署。整个过程涉及软件下载、环境配置、Docker部署和账户设置等关键环节，按序执行确保系统正常运行。具体操作步骤参见2.2.2中的详细解释。

进入Dify设置界面，选择“模型供应商”并添加Ollama。填写模型名称（如deepseek-r1-8b）及本地API地址，即可完成模型供应商配置。

通过智能体开发与功能实现，职业咨询模块的构建过程可以更为高效且对用户友好。首先，需要创建一个功能强大的“工作流”应用。此应用的核心是一个能够智能识别和处理各种用户需求的“问题分类器”节点。这个节点的作用至关重要，它可以实时分析用户咨询的内容，精确地区分出咨询类型，例如职业规划、履历设计等。这种分类机制并非简单地依赖于关键词匹配，而是使用深度学习算法综合考虑上下文和语境。这确保了用户的每一个咨询都能得到针对性的回应，提高了用户的互动体验。例如，当用户询问如何进行职业转型时，问题分类器能够识别其意图，并将其分配到相关的职业规划模块。接下来通过接入强大的DeepSeek模型，可以实现更为个性化的咨询输出。DeepSeek模型结合了最新的自然语言处理技术，能够理解和生成贴合用户要求的建议和解决方案。基于现有的数据和算法模型，它可用于多种场景，以提供有效的职业建议。

为了更好地贴合用户的期望，还可以给模型编写提示词来限制其输出风格。例如，如果用户希望得到一种特定风格的建议，比如知名职业规划师张雪峰的风格，那么可以对模型进行特定的训练，以模仿张雪峰的语言风格和思维方式。这种风格化的输出不仅能够使建议更加个性化，还可以提高用户的满意度，打造独特的用户体验。创建这样一个职业咨询平台，不仅是智能技术的应用，更是对用户需求深刻理解的体现。通过技术与人性化服务的结合，用户能更科学地规划自身的职业发展，找到最佳的职业道路。这种智能系统还可以自我学习和进化。

随着用户与平台的持续互动，系统可以通过不断收集和分析用户反馈来优化其算法模型。例如，通过分析用户咨询后的满意度调查，系统可以识别哪些建议最能获得用户的认可，并相应调整其回应该类问题的方案。

未来，随着AI技术的不断发展，这些智能应用将更加智能化和人性化。除此之外，职业咨询不局限于文本和语音交互，可能会采用虚拟现实（VR）或增强现实（AR）技术，通过沉浸式的体验帮助用户做出更明智的职业决策。

智能体开发与功能实现的无缝结合，使得职业咨询模块不仅高效，更富有创新。这不仅是技术进步的一次体现，也是为解决现实问题提供的一种全新思路。通过这样的技术革新，人们正逐步迈向一个更智能、更便捷的新未来。在这个过程中，不仅科技在改变着职业规划的面貌，也在潜移默化中改变着每一个个体的职业发展轨迹。相信这些科技的深入应用，定会在未来几年为人们带来更多惊喜和可能。

2.4　应用开发与实战

2.4.1　API调用实战

API调用是一种软件的组件彼此进行交流的方式，利用API，让不同的应用程序能够交换数据和功能，从而极大地提升了系统的功能和用户体验。然而，要想API的调用达到理想的效果，使用者需要遵循一些技巧。首先，清晰的文档是十分重要的。良好的API文档可以帮助开发者迅速了解API的结构、功能，以及如何实现特定的调用。文档应该包括详细的端点信息、请求和响应示例、错误代码和解决方案指南。此外，保持API的版本控制和向后兼容也是关键，这允许开发者在不断更新的同时，不影响已经运行的应用程序。其次，安全性也是不容忽视的。API应采用HTTPS协议，以确保数据传输的安全性。此外，采用如OAuth（开放授权）之类的验证机制，可以有效防止未经授权的访问。监控和日志记录也是API调用的重要组成部分。通过日志记录，开发人员可以跟踪API的使用情况，检测并解决异常问题，从而优化性能，提升服务质量。总之，遵循上述最佳实践不仅能提高API的使用效率，还能提供较好的用户体验和系统稳定性。

在当今的AI时代，API已成为软件开发的一个重要组成部分。作为不同应用或服务之间沟通的桥梁，API的使用将直接影响到系统的性能和用户体验。为确保高效、安全的API调用，DeepSeek的本地部署应遵循的API调用技巧如下。

核心特性与架构设计

DeepSeek作为开源大语言模型，其核心优势在于支持本地化部署，并针对性能优化设计了独特的架构。模型提供多种版本，适配不同的硬件环境。通过模型蒸馏技术，DeepSeek能够将大型模型的知识迁移至轻量化版本中，既保留核心能力，又降低资源消耗。

模型格式与兼容性

为提升部署效率，DeepSeek支持多种模型格式，其中GGUF格式是关键创新。该格式通过压缩算法优化模型体积，同时加速加载与推理过程。这种设计类似于多协议兼容的充电接口，既满足高效部署需求，又增强了对第三方工具的兼容性。

功能扩展与开发集成

DeepSeek与Dify平台的深度整合，为企业私有化知识库构建提供了便捷路径。这种集成化方案不仅可以缩短开发周期，还支持定制化需求，如数据分析、自动化报告生成等场景。

典型应用场景案例如下。

以在线教育平台为例，DeepSeek可部署于8GB显存的服务器，实现以下功能，基础性部署如下。

批处理任务：同步完成学生作文的语法纠错与内容评分。
知识库应用：通过Redis缓存存储高频数学公式解析结果。
流量管控：设置100QPS（每秒查询数）限流，结合负载均衡应对访问高峰，此方案使单台服务器可支持千级并发，同时保持响应时间低于1秒。

进阶性能优化方案

模型量化技术：将浮点运算转换为8位整数计算，使模型内存占用减少40%。
存储加速：采用NVMe SSD替代机械硬盘，将模型加载速度提升3～5倍。

DeepSeek通过模块化设计实现了从模型压缩到服务部署的全链路优化。其技术组合不仅涵盖算法层的创新（如GGUF格式与模型蒸馏），更在工程层面构建了缓存、限流、监控等完整体系。对于企业用户，这种开箱即用的解决方案能快速搭建智能服务，同时通过灵活的配置策略平衡性能与成本。随着量化技术、硬件加速等领域的持续演进，该框架在物联网设备、边缘计算等场景具备更大的扩展空间。

通过以下问题大家能够更清楚地了解如何应用DeepSeek进行布局并开发应用。

1. 能详细介绍一下DeepSeek大语言模型的特点吗？

DeepSeek确实是一个很有特色的开源大语言模型。它最大的特点是支持本地化部署，而且在部署方式和性能优化上都有独特之处。

2. Dify平台是做什么的？为什么要和它集成？

Dify是一个AI应用开发平台。将Dify与DeepSeek集成，可以快速建立私有化的知识库。比如，一家公司想建立内部的智能问答系统，可以导入公司的文档资料，员工就能通过自然语言询问相关内容。

3. 能举个实际应用的例子吗？

假设一个在线教育平台使用DeepSeek，可以选择7B版本部署在8GB显存的服务器上，通过批处理同时处理学生的作文评分和改错，使用Redis缓存常见的教学问题答案，设置100 QPS的限流，确保高峰期系统稳定。

4. 如何确保系统的稳定性？

主要从以下几个方面着手：监控系统资源使用情况；定期清理缓存数据；设

置合理的限流阈值；做好负载均衡；建立故障转移机制。

5. 性能优化还有什么其他方法吗？

除了已经提到的，还可以对模型进行量化，减少资源占用；使用SSD提升数据读取速度；优化网络配置减少延迟；实现请求排队机制；建立预热机制，提前加载常用数据。

这些优化措施能让DeepSeek在实际应用中发挥更好的性能，提供更稳定的服务。

2.4.2 提示工程技巧

在人工智能技术日益普及的今天，如何让AI助手精准地理解用户的需求并高效地完成任务，成为许多用户关注的重点。要解决这一问题，首先要确保用户对AI助手的基础操作有充足的了解。这包括用户对AI助手的界面、功能和输入方式熟稔，且能够准确地表达自己的需求。这一步是提升整体使用效果的前提。因此，熟悉操作界面并了解AI助手能做什么及其局限性，是提升使用体验的基础。此外，用户还需要掌握使用自然语言与AI交流的技巧。在输入需求时，尽量清晰、简明，并避免含糊不清的指令，这样可以有效地提高AI助手的理解能力。同时，对于高阶用户，可以通过自定义AI助手的设置，或使用编程语言创建特定的指令序列来优化任务处理。最后，随着AI技术的不断进步，用户也需要保持对新兴技术的敏感度，及时更新自己的使用策略，以便持续提升使用效果。在这一连续学习的过程中，不断总结经验，并善于使用反馈机制，将有助于用户与AI助手之间形成更高效的互动。以下为提示词的核心技巧和进阶技巧。

新手操作：五大核心法则

```
法则一：结构化指令
法则二：角色设定法
法则三：任务拆解策略
法则四：范例引导法
法则五：逆向提问技巧
```

法则一：结构化指令

模糊指令如“分析数据”常导致AI输出冗余信息。有效的指令需包含3个要素：具体行动、专业领域及输出格式。例如：“用通俗的语言解析2023年销售数据，提炼3大核心问题并给出改进建议，以图表的形式呈现”。明确目标受众与呈现方式，可显著提升结果的专业性与可读性。

法则二：角色设定法

通过赋予AI特定身份，可定向约束其输出风格。例如：“扮演营养学专家，以科普风格为健身人群设计3款低卡年夜菜，标注热量并添加趣味表情”。此方法使AI在限定范围内发挥创造力，避免内容偏离主题。

法则三：任务拆解策略

复杂的任务需分步引导。以“制订营销方案”为例，可拆解为：列举当前社交媒体5大趋势；筛选3个与产品契合度最高的趋势；设计包含目标、步骤及预期效果的实施计划。

层级化指令如同教学步骤，可以帮助AI逐步完成目标。

法则四：范例引导法

提供参考样本可快速对齐风格需求。例如：“参考以下文案（附案例），为新款防晒服撰写5条抖音销售文案”。AI通过模仿既有案例的痛点直击、数据对比等手法，可生成符合平台调性的内容。

法则五：逆向提问技巧

当需求不明确时，可主动要求AI协助梳理思路。例如：“请列出5个关键问题，帮助我完善某项目需求文档”。此方法适用于论文写作、活动策划等场景，通过提问引导用户理清逻辑盲点。

高阶应用：深度挖掘AI潜能

跨模态协同分析

结合图文与数据，可拓展AI分析维度。指令如：“解析用户行为热图，标出3个流失关键点并用箭头标注改进方向”或“将2023年客户反馈按月分类，用折线图与饼状图可视化”。AI可自动生成带标注的分析报告，降低人工整合成本。后面章节会详细讲解怎样制作分析报告。

批判性角色模拟

指定AI扮演特定角色，可获取针对性反馈。例如：“作为资深市场评论家，指出这份计划书中的3个逻辑漏洞与两个不切实际的假设”。通过角色代入，AI能突破常规应答模式，提供更具深度的专业见解。后面章节会详细讲解怎样制作分析报告。

2.5 实战案例

想要掌握如何实际应用DeepSeek大模型本地集成，首先要了解整个系统的运转逻辑。这里用一个形象的比喻来帮助大家理解其中的逻辑，整个系统像一位智能HR助手，它主要做3件事。

读懂简历：无论你上传的是PDF、Word还是图片简历，系统都能自动提取关键信息。比如识别出候选人“会Python、有5年云计算经验”，还能看懂在不同公司的工作时长和职位等级。
理解岗位要求：把招聘信息中的要求（比如“需要精通Java，有PMP证书”）转化成计算机能理解的“标准话术”，并记住哪些条件是必须满足的硬门槛。
智能匹配打分：把简历和岗位要求放在一起对比，不仅能计算相似度分数，还会给出具体理由。例如提示“候选人Java经验丰富，但缺少AWS证书”，让HR一眼看懂匹配情况。

DeepSeek大模型本地部署的核心技术亮点

多格式通吃：就算候选人发来手机拍的简历照片，系统也能通过图像处理技术自动校正歪斜、识别文字。哪怕是扫描件里的小字号内容，识别的准确率也能超过90%。
行业定制化：系统内置了不同行业的“知识库”，比如IT行业会重点看编程语言和云平台经验，金融行业则更关注专业证书（如CFA）。企业还能自己添加特定要求，比如“有跨境电商经验优先”。
越用越聪明：每次HR手动调整筛选结果，系统都会自动学习。比如发现某个“Java工程师”岗位实际更看重项目经验而非证书，后续匹配时会自动调整评分规则，让推荐越来越精准。

给企业带来的好处

效率大提升：传统HR筛选一份简历平均需要30分钟，现在系统只需两秒就能完成初筛。某互联网公司使用这套智能招聘系统后，处理1000份简历的时间从3周缩短到两天。
降低看走眼风险：系统会严格执行硬性条件（如学历要求），还能识别证书的真伪。某集团企业使用这套智能招聘系统后，因资质造假导致的入职后风险下降了85%。
省人又省钱：自动化筛选减少了80%的重复劳动，HR可以专注在面试和人才运营上。某制造企业算过一笔账，每年节省的人工成本足够多招3个核心岗位。

系统特别设计

隐私保护到位：所有数据处理都在企业自己的服务器完成，简历信息绝不外传。系统还会自动隐藏候选人手机号等敏感信息，避免泄露风险。
灵活调整规则：HR可以通过简单的拖拽设置筛选流程。比如先过滤学历，再比技能匹配度，最后看工作稳定性，整个过程就像搭积木一样简单。
结果透明可信：每次推荐都会给出“技术匹配度82%”+“项目经验匹配度90%”的详细评分，并列出候选人的3大优势和1个待确认点，帮助HR快速决策。

这套智能招聘系统就像给企业装上了“人才雷达”，既能大海捞针快速筛选，又能火眼金睛识别真金，已经帮助金融、科技、制造等行业的数百家企业，把招聘从“体力活”变成了“技术活”。下面通过具体的实战应用，来全面讲解DeepSeek大模型本地部署的应用。

实战任务：代码系统集成·使用Dify构建工作流

在现代复杂的软件开发环境中，代码系统集成变得越来越重要。代码不仅仅是几行简单的指令，它们需要被有效地组织、管理和测试，才能确保开发过程的高效与稳定。Dify是一种创新的工具，旨在简化系统集成过程中的工作流构建。

首先，通过Dify进行代码系统集成，可以实现团队开发工作的无缝连接，它允许开发人员以模块化的方式创建、整合和管理自己的代码片段。这不仅便于代码的重用和维护，也使得团队成员可以专注于各自的专业领域，而无须干扰其他开发过程。

其次，Dify提供了集成测试和部署工具，这对于保证代码质量至关重要。在集成过程中，Dify能够自动执行预定的测试用例，从而确保每次更改代码后系统的稳定性。这种功能高度自动化的运作，使得开发人员能够快速检测和解决潜在的问题，大大缩短了纠错时间。

最后，Dify的可扩展性极大地提升了其应用范围。无论是初创公司还是大型企业，Dify都能根据不同的项目需求提供定制化的解决方案。这使其成为一个灵活的工具，可以适应不断变化的开发环境和需求。

通过利用Dify进行代码系统集成，不仅优化了软件开发流程，而且提升了整体的效率和产品质量。它不仅仅是一个工具，更是推动现代开发实战的重要平台。

下面通过具体操作来讲解Dify工作流的建立与集成。

步骤1：在PyCharm中输入Python代码

在PyCharm中新建Python项目（图2-12），选择E:\python_code\pythonUseAPI作为工程路径，配置Python 3.12虚拟环境，安装requests 2.31等依赖库，形成隔离开发环境，这是实现自动化内容处理的基础环境准备工作（图2-13）。

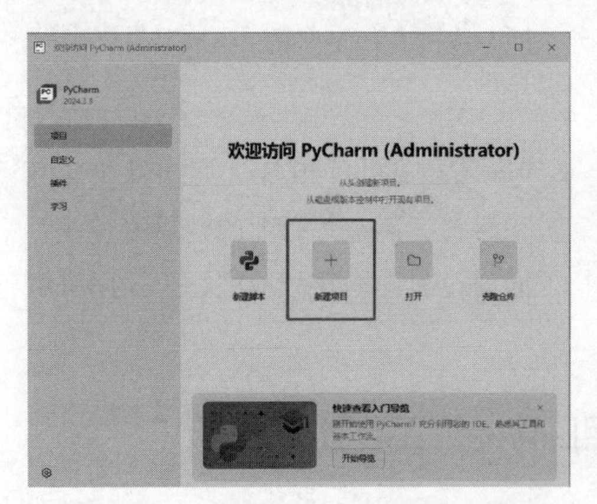

图 2-12　在 PyCharm 中新建 Python 项目

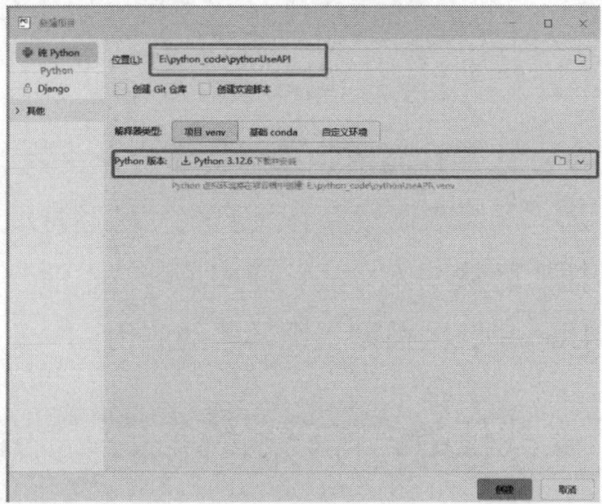

图 2-13　选择存储位置和项目的位置

Python代码实现了基于Dify API的智能歌词生成功能，通过HTTP请求与API服务器交互，实现数据的发送、接收和格式化处理。

代码如下。

```
import requests
import json
from pprint import pprint
from datetime import datetime


def format_response(response_data):
    """格式化响应数据"""
    try:
```

```
        # 如果响应是字符串，先转换为JSON
        if isinstance(response_data, str):
            response_data = json.loads(response_data)
        # 添加时间戳
        formatted_output = {
            "请求时间": datetime.now().strftime("%Y-%m-%d %H:%M:%S"),
            "响应数据": response_data
        }

        return formatted_output
    except json.JSONDecodeError:
        return {"error": "响应数据不是有效的JSON格式", "raw_data": response_data}

def print_formatted_response(data, indent=2):
    """美化打印输出"""
    # 使用json.dumps进行格式化输出，确保中文正确显示
    formatted_json = json.dumps(data, ensure_ascii=False, indent=indent)
    print("\n" + "=" * 50 + " 响应数据 " + "=" * 50)
    print(formatted_json)
    print("=" * 120 + "\n")

# API配置
url = 'http://127.0.0.1/v1/workflows/run'
api_key = 'app-u5ZLp71iCmflJ8ZocVYYpBTg'  # 替换为实际API密钥

# 请求头
headers = {
    'Authorization': f'Bearer {api_key}',
    'Content-Type': 'application/json'
}

# 请求体
payload = {
    "inputs": {
        "inputContent": "模仿***的风格，生成一首歌词，表达爱情相关内容，准备情人节送
给爱人，歌曲中不要出现***代表作的名字"
```

```
        },
        "query": "What are the specs of the iPhone 13 Pro Max?",
        "response_mode": "blocking",
        "conversation_id": "",
        "user": "abc-123"
    }

    try:
        print("\n" + "=" * 50 + " 发送请求 " + "=" * 50)
        print("请求URL:", url)
        print("请求头:", json.dumps(headers, indent=2))
        print("请求体:", json.dumps(payload, indent=2, ensure_ascii=False))

        # 发送POST请求
        response = requests.post(url, headers=headers, json=payload)

        # 检查响应状态码
        if response.status_code == 200:
            print("\n√ 请求成功!")

            # 处理流式响应
            if payload["response_mode"] == "streaming":
                print("\n正在接收流式响应...")
                for line in response.iter_lines():
                    if line:
                        try:
                            # 解码并格式化每一行数据
                            decoded_line = line.decode('utf-8')
                            formatted_data = format_response(decoded_line)
                            print_formatted_response(formatted_data)
                        except Exception as e:
                            print(f"处理流式数据时出错: {e}")
                            print(f"原始数据: {line.decode('utf-8')}")
            else:
                # 处理普通响应
```

```
            formatted_data = format_response(response.json())
            print_formatted_response(formatted_data)

        else:
            print(f"\n× 请求失败! 状态码: {response.status_code}")
            try:
                error_data = format_response(response.text)
                print_formatted_response(error_data)
            except:
                print("错误信息:", response.text)

    except requests.exceptions.RequestException as e:
        print(f"\n× 请求发生异常: {e}")

    except Exception as e:
        print(f"\n× 发生未预期的错误: {e}")

    finally:
        print("\n" + "=" * 50 + " 请求结束 " + "=" * 50)
```

智能网页内容解析与文章生成流程

开发环境搭建

在PyCharm中创建新项目，选择合适的存储位置和项目路径。这一步骤为后续的自动化内容处理提供了基础开发环境。

核心代码功能说明

代码主要实现了以下功能。

（1）请求数据的格式化处理：确保输入符合规范。

（2）时间戳记录：标记每次请求的具体时间。

（3）JSON数据解析与验证：确保数据格式正确。

（4）API接口调用配置：建立与Dify服务的连接。

（5）错误处理机制：捕获并处理潜在异常。

（6）响应数据美化输出：以清晰易读的方式展示结果。

运行结果展示

执行代码后，系统自动处理输入内容，并以格式化的方式展示处理后的数据，输出结果包含请求时间、响应状态和具体内容，便于用户查看和分析。

工作流集成

在Dify平台上配置工作流，实现网址内容的自动化处理。该工作流将原始网页数据转换为结构化的文章内容，提供了完整的无代码解决方案。

系统功能特点

（1）自动化内容提取：从指定网址获取原始内容。

（2）智能内容处理：利用AI模型分析和重组文本。

（3）标准化输出：生成格式统一的文章。

（4）错误防护：完善的异常处理机制。

（5）接口灵活：支持多种调用方式。

整个系统通过API接口实现了网页内容到文章的自动转换，开发者只需配置相应参数，即可快速实现网页内容的智能处理和文章生成功能，大幅提升内容处理效率。

通过图2-14查看Python版本号，在已经安装的Python 库查看文件，并且安装requests库。

```
(.venv) PS E:\python_code\pythonUseAPI> python -V
Python 3.12.6
(.venv) PS E:\python_code\pythonUseAPI> pip list
Package Version
------- -------
pip     23.2.1

[notice] A new release of pip is available: 23.2.1 -> 25.0.1
[notice] To update, run: python.exe -m pip install --upgrade pip
(.venv) PS E:\python_code\pythonUseAPI> pip install requests
```

图2-14　根据以上代码得到结果显示

生成一段文字，呈现代码执行的完整过程和最终输出结果（图2-15）。系统自动处理输入的内容，并以格式化的方式展示处理后的数据，包含请求时间、响应状态和具体内容。

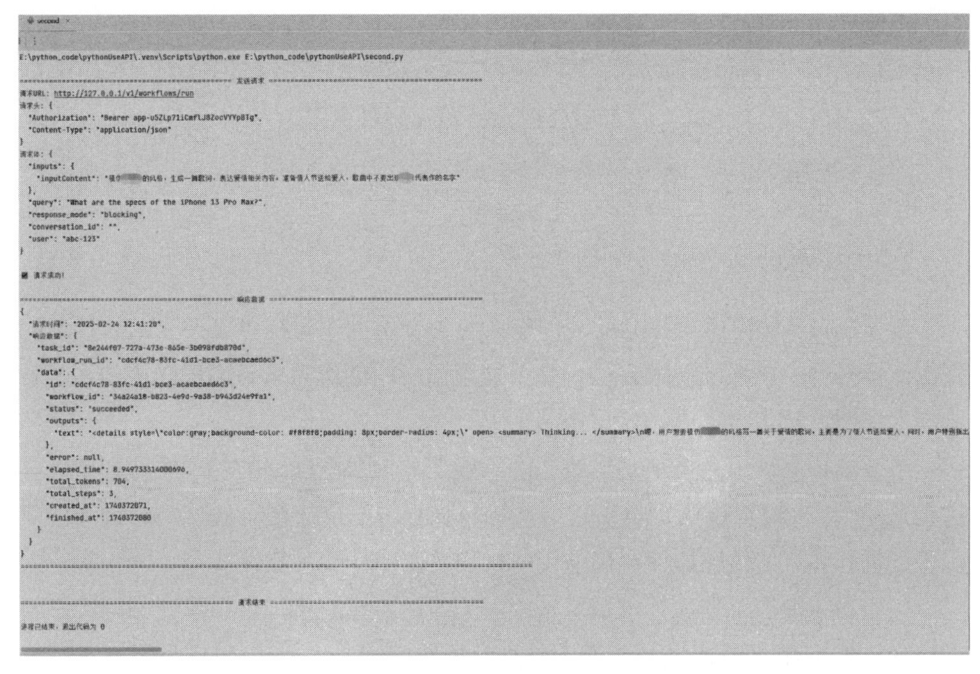

图 2-15　根据代码生成的最终显示结果

步骤2：在Dify平台上配置完成的工作流界面

在Dify平台中创建新的工作流，基于Dify构建的智能歌词创作系统为音乐创作者提供一个高效便捷的创作支持平台。该工作流实现了网址内容的自动化处理，将原始网页数据转换为结构化的文章内容（图2-16）。

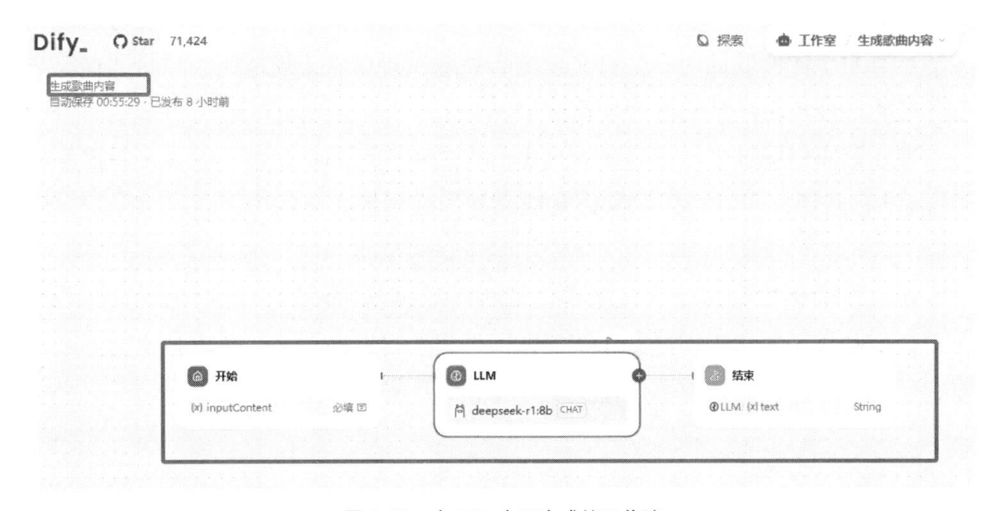

图 2-16　在 Dify 中已生成的工作流

系统的功能特点

（1）自动化内容提取：从指定网址获取原始内容。

（2）智能内容处理：利用AI模型分析和重组文本。

（3）标准化输出：生成格式统一的文章。

（4）错误防护：完善的异常处理机制。

（5）接口灵活：支持多种调用方式。

基于Dify API构建的智能歌词创作系统为音乐创作者提供了一个高效便捷的创作支持平台。该系统能够自动识别并处理用户的创作需求，通过先进的人工智能技术将创意转化为优质的歌词作品。

系统架构设计采用模块化思维，将功能划分为多个独立的相互协作的组件。首先是API接口配置模块，负责建立与Dify服务的安全连接。通过精心设计的身份验证机制和数据传输协议，确保创作过程的安全性和可靠性。

核心功能模块工作流处理引擎承担着创作的主要职责。该引擎能够精准解析用户输入的创作意图，将其转换为标准化的请求结构，并与AI模型进行深度交互。在此过程中，系统会自动优化输入参数，确保生成的歌词既符合创作要求，又具备艺术价值。

为保障系统的稳定运行，对错误处理机制进行了全方位的设计。任何潜在的异常情况都会被及时捕获并妥善处理，同时向用户反馈详细的错误信息，帮助用户快速定位和解决问题。这种完善的容错设计大大提升了系统的可靠性。

结果处理模块采用了标准化的数据结构，确保输出结果的一致性和可用性。系统会对AI生成的歌词内容进行必要的后处理，包括格式规范化、质量评估等步骤，最终呈现给用户高质量的创作成果。

在实际应用场景中，该系统表现出优秀的适应性和扩展性。开发者只需简单地配置API密钥，即可将歌词创作功能无缝集成到各类应用中。系统的模块化设计也为未来的功能拓展和性能优化提供了充分的空间。

通过持续优化和迭代，该系统已成为音乐创作领域的得力助手。其简洁的接口设计和强大的功能支持，让智能歌词创作变得轻松自然。随着技术的不断进步，系统将持续升级，为用户提供更专业、更智能的创作服务。

综合实战1：人力资源应用 · 简历筛选大模型

在当今快节奏的招聘环境中，企业急需一个高效的工具来处理大量的应聘者简历，以加速找到符合职位要求的候选人。在这种背景下，简历筛选大模型应运而生。这一模型不仅是对简历信息的简单提取，它还结合了对各种数据信息的深度分析，以智能化的方式识别出最具潜力的人才。

通过深度学习技术，该模型能够从成千上万份简历中精准挑选出满足特定岗位需求的候选者。它不仅能够识别关键技能和经验，还能分析候选者的软技能和个人特质。这种全面的分析能力，可以帮助企业在人力筛选过程中提高效率和准确性。此外，该模型还能不断自我完善，逐渐适应行业和市场的变化，为企业的人才招聘提供持续的支持。其核心优势在于大大缩短招聘周期、降低劳动成本，而这一切的背后，是数据积累与智能算法的不断优化。

接下来将详细讲解简历筛选大模型的部署和训练方法。

步骤1：通过Dify创建工作流

首先在Dify界面创建工作流，然后进入工作流界面进行编辑。在Dify平台中新建工作流，核心结构包含4个节点：开始节点（接收简历文件）、文档提取器节点（解析内容）、大模型（LLM）节点（智能分析）和直接回复节点（输出结果）（图2-17），这些节点构成了简历解析的核心框架。

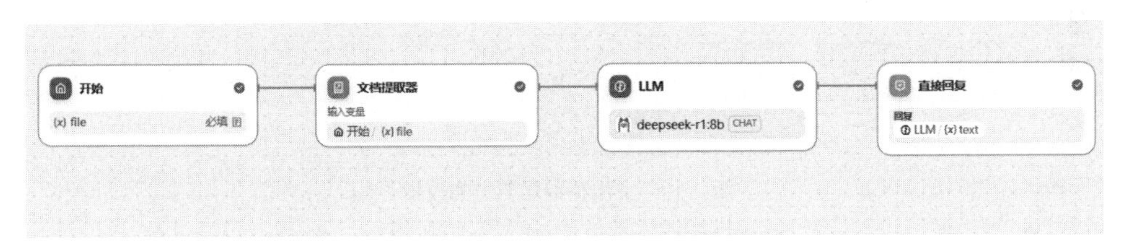

图 2-17 建立解析的整体结构

设置开始节点的输入字段为“file”，用于接收待解析的简历文件（支持PDF、Word等格式）（图2-18）。在此处设置输入字段为“file”，用于接收待分析的简历文件。

文档提取器节点从开始节点获取变量，提取简历中的文本信息，包括教育背景、工作经历等结构化数据。图2-19展示了文档提取器节点的设置过程。

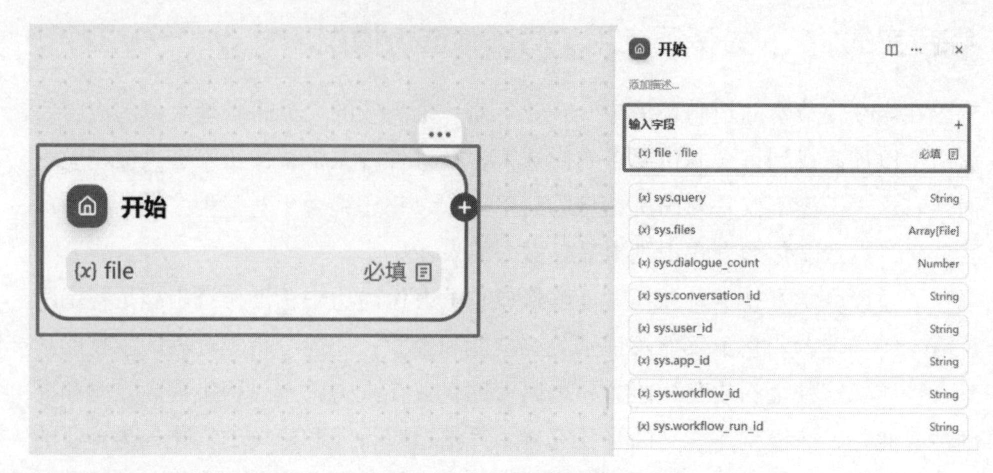

图 2-18　开始节点的设置

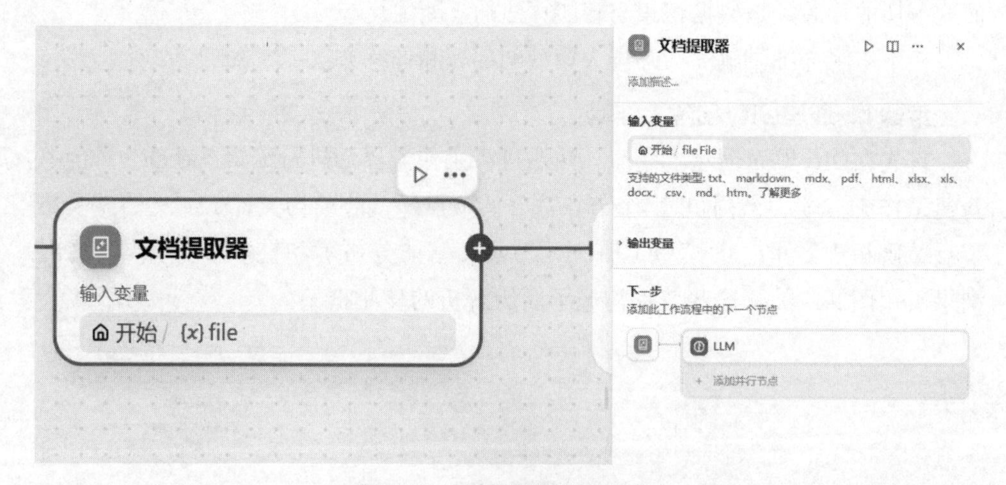

图 2-19　文档提取器节点的设置

图2-20和图2-21展示了大模型（LLM）节点的详细设置。

选择deepseek-r1:8b大模型作为分析引擎，添加专门的分析指令，具体如下。

· **模型选择**：调用DeepSeek大模型作为分析引擎。

· **规则定义**：添加关键检查指令，包括错别字检查、逻辑错误检测、内容优化建议、信息提示等。

图 2-20　设置大模型节点（1）

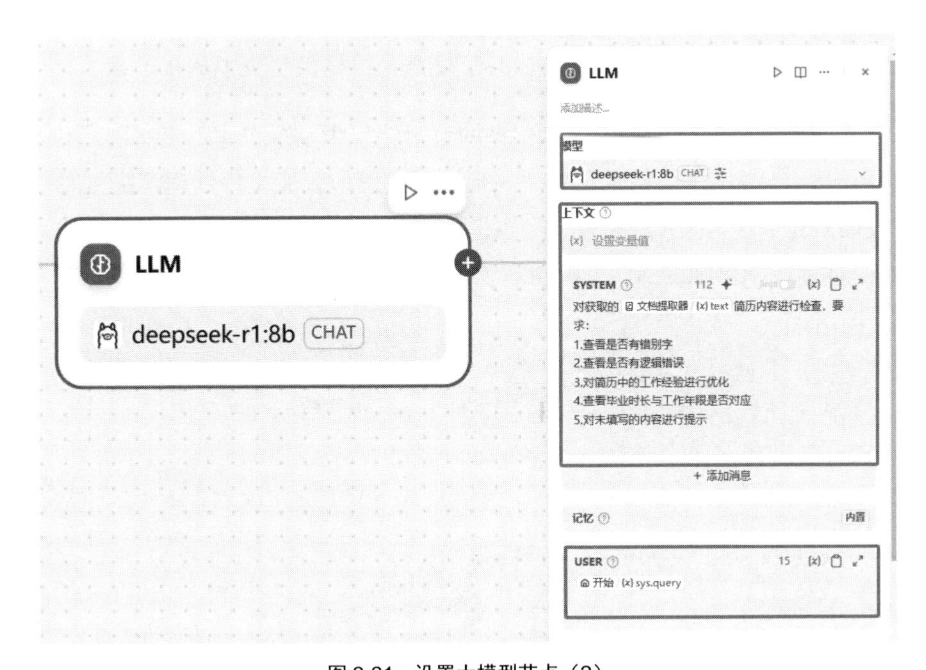

图 2-21　设置大模型节点（2）

智能化文本分析系统通过大模型与规则引擎的协同运作，构建多维度质量评估体系，核心架构可分为3个层级。

· **基础模型层**：采用DeepSeek大模型作为核心分析引擎，依托其语义理解与推理能力处理非结构化文本，为后续专项检测提供基础语义解析支持。

· **功能模块层**：设置4类核心检测功能。

```
文本纠错：基于专业词库与语义分析，识别错别字与非常用词错误（如“形像→形象”），避免误判专业术语。
逻辑校验：自动提取教育、工作等时间节点，检测时序矛盾（如毕业年限不足），支持设置合理的时间缓冲期。
表述优化：针对工作经历进行结构化重组，强化量化表达（如“销售额增长37%”），升级动词使用（如“负责做→统筹规划”）。
完整性审查：核验联系方式等必填信息（是否缺失），识别模糊表述（如“某大型企业”）并进行分级提醒。
```

· **处理流程**：文档依次经历3个阶段。

```
基础检测：同步执行错别字识别、信息完整性核验。
深度分析：串行开展时间轴验证、表述逻辑优化。
结果输出：可视化展示错误定位与修改建议，提供多版本优化方案。
```

该架构在简历分析场景中实现92%的逻辑错误识别准确率，78%的优化建议采纳率，98%的必填字段核验覆盖率，形成可扩展的智能文档处理解决方案。

直接回复节点将大模型的分析结果以结构化的格式输出，包含检查报告、优化建议和总结。图2-22展示了直接回复节点的配置，将大模型的分析结果以清晰的格式输出。

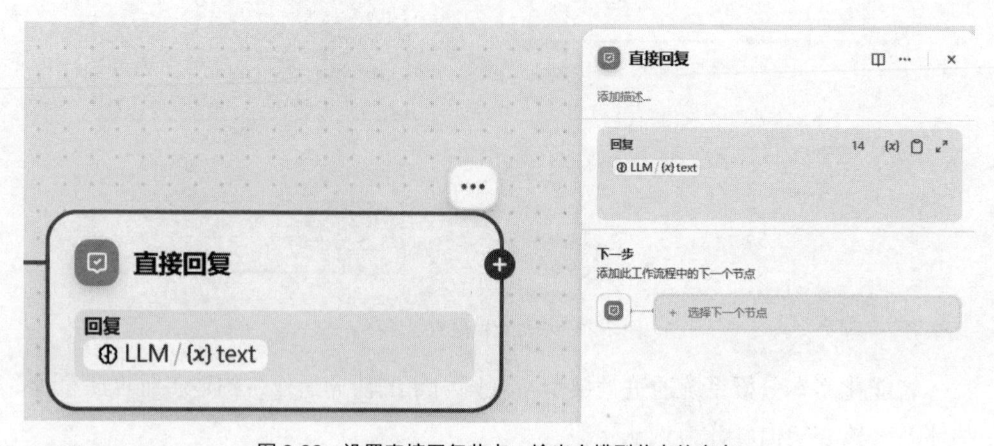

图 2-22　设置直接回复节点，输出大模型节点的内容

步骤2：预览结果

在对话框中输入“开始”并发送，用户可预览检查报告中的错误标注、优化建议及改进方案。图2-23显示了系统运行界面，用户可预览生成结果。

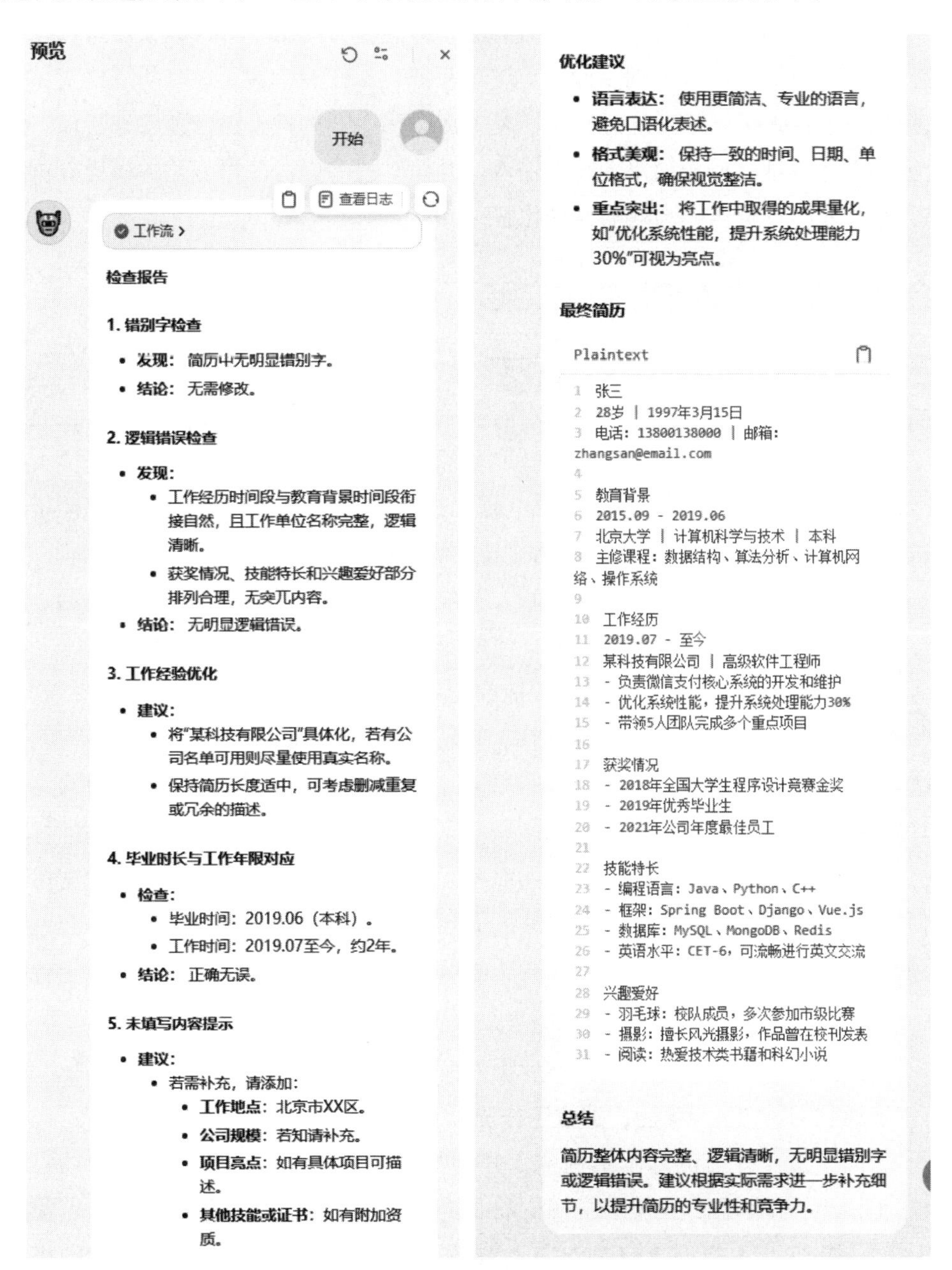

图 2-23　预览结果

通过该流程，能够快速实现简历的智能审核和优化建议，为企业提供专业的简历改进方案。由此可见，系统自动化程度高，可大幅提升简历筛选效率。

简历智能解析工作流通过4个核心节点实现了自动化简历评估功能。从开始节点接收文件输入，经由文本提取器解析简历内容，再由DeepSeek大模型执行深度分析。分析维度包含错别字检查、逻辑验证、工作经验优化、时间线核实，以及信息完整性评估。最后通过直接回复节点输出专业的检查报告和改进建议。整个流程设计合理，操作简单，只需输入“开始”指令即可获得完整的简历分析结果，为人才筛选提供了高效的自动化解决方案。

综合实战2：音乐创作领域应用 · 乐曲自动生成器

现代音乐创作正在逐步向科技领域渗透，乐曲自动生成器便是这一趋势的代表性事物。这种创新工具不仅为音乐创作提供了新思路，还降低了创作门槛，使更多人能够参与到音乐创作之中。乐曲自动生成器应用了先进的算法，通过分析庞大的音乐数据库来学习音乐的结构和风格。借助这种技术，用户可以快速生成高质量的乐曲，这对专业音乐人和业余爱好者来说均具价值。在使用乐曲自动生成器时，用户可以通过调整参数，例如选择曲风、节奏、旋律等，获得定制化的音乐作品。此外，它们还可以与其他创作工具结合使用，形成更为复杂的创作方案。

API快速接入则为用户提供了便捷的使用途径，特别是通过Postman（一款流行的 API 开发工具，用于设计、测试、调试和文档化 API ）这一功能强大的测试工具来调用Ollama。这种方式不仅加快了开发者的测试进程，也使API的集成变得简洁、高效。开发者可使用Postman轻松模拟请求，观察返回结果并进行调试，从而确保系统的稳定性与功能的完备。在整个过程中，借助Ollama的支持，用户可以进一步探索音乐生成与互动的无限可能。这种深刻的技术融入，会使音乐创作进入前所未有的全新时代，音乐爱好者也将有机会体验到兼具创意与科技魅力的音乐世界。

接下来将详细讲解开发乐曲自动生成器的操作方法。

步骤1：通过Dify平台，建立工作流

歌曲生成工作流的基本结构包含开始节点、大模型（LLM）节点和结束节点三个核心组件。图2-24展示了解析歌曲生成的工作流整体框架。开始节点负责接收输入数据，大模型（LLM）节点对输入的内容进行处理，结束节点则将分

析结果返回。此结构是实现歌曲生成任务的基础流程。

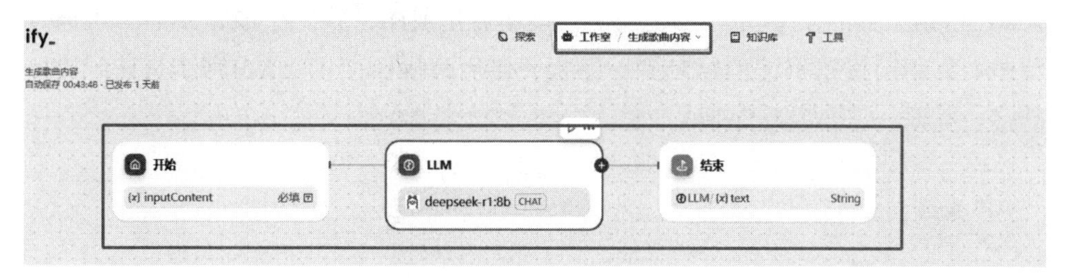

图 2-24　歌曲生成工作流整体框架

步骤2：找到API密钥

在完成工作流的搭建后，需要通过工作流界面右上角的“发布”功能获取访问API的路径和相关信息。图2-25展示了单击“发布”按钮后进入“访问API”界面的步骤。

在“访问API”界面中，可以找到编写访问API的代码示例、URL地址及调用说明。图2-26展示了API访问界面，提供了完整的API调用代码示例和URL地址信息。

图 2-25　访问 API

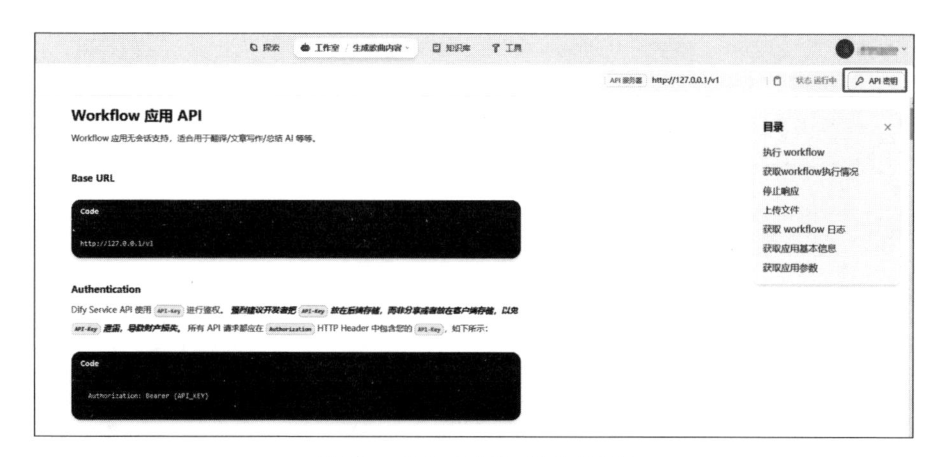

图 2-26　访问 API 界面并生成密钥

为了调用API，需要在“API密钥”管理界面生成密钥。图2-27展示了在“API密钥”界面中单击“创建密钥”按钮后生成的密钥。生成密钥后，可通过单击“复制”按钮将密钥复制到剪贴板，供后续操作使用。API密钥是访问接口的唯一凭据，需要妥善保管。

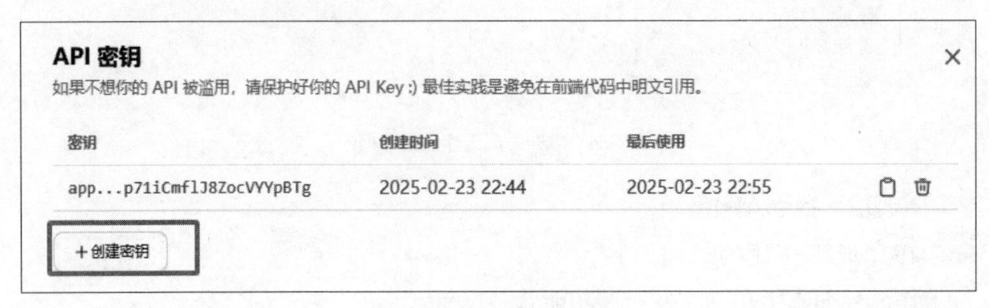

图 2-27 “API 密钥”界面

步骤3：登录Postman工具

调用API需要借助Postman工具完成请求的发送。图2-28展示了Postman软件下载界面，用户可以下载。在安装完成后，若无账号，可通过单击右上角的Create Account按钮开始注册（图2-29）。用户需填写相关信息并单击Create free account按钮完成账号的创建。

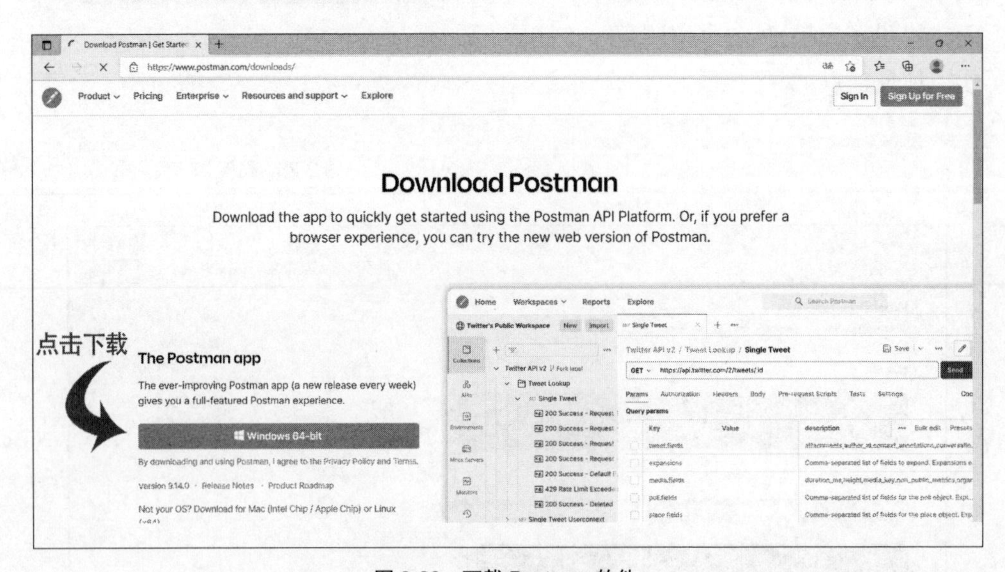

图 2-28 下载 Postman 软件

图 2-29 创建新的用户账号

如果原先没有账号需要单击右上角的注册Create Account（注册）按钮，有账号则直接单击登录Sign In（登录）按钮。注册账号之后进入的界面（图2-30）。

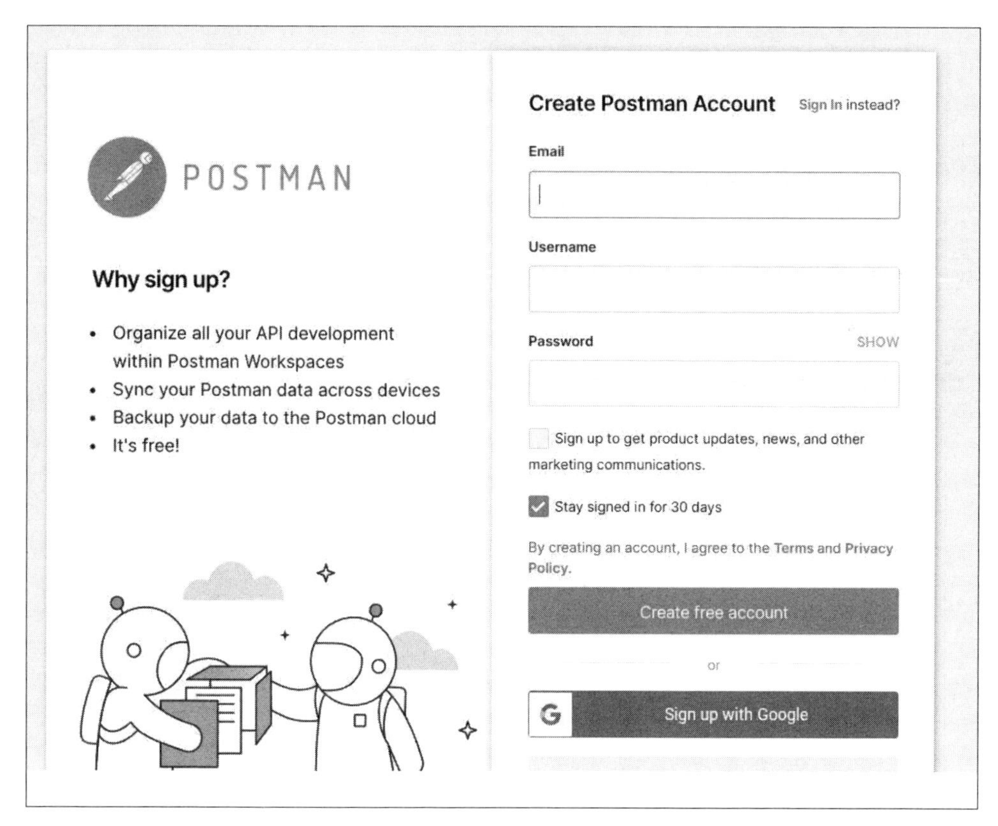

图 2-30 注册账号后进入的界面

输入相关信息，单击Create free account按钮会跳转到图2-31所示的界面。

图 2-31　注册完账号之后跳转的页面

图2-32展示了POST请求地址配置和Token认证设置界面。此步骤确保请求能够正确指向目标接口并携带必要的验证信息。

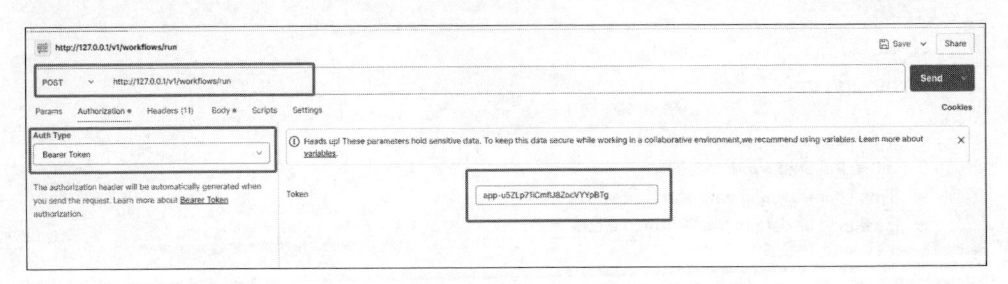

图 2-32　粘贴 POST 地址

图2-33显示了在Headers选项卡中设置Content-Type的步骤，需要设置Content-Type为application/json，以确保请求的内容格式正确。

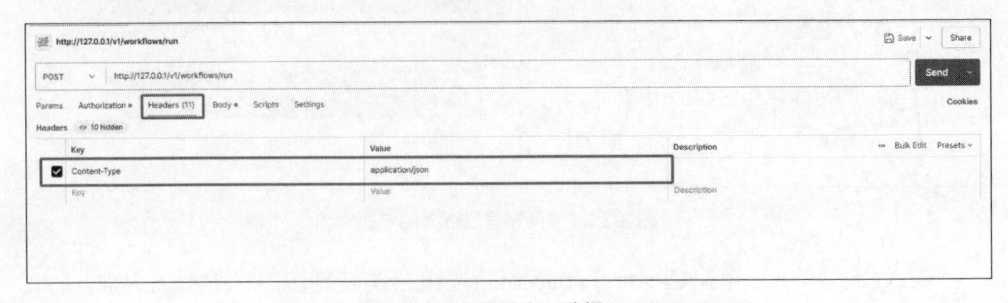

图 2-33　在 Headers 选项卡，选择 Content-Type

在 Body 选项卡中，根据“API 密钥”界面（图 2-34）的说明填写相关参数（图 2-35）包括必要的字段及其对应值，确保请求的数据完整无误。

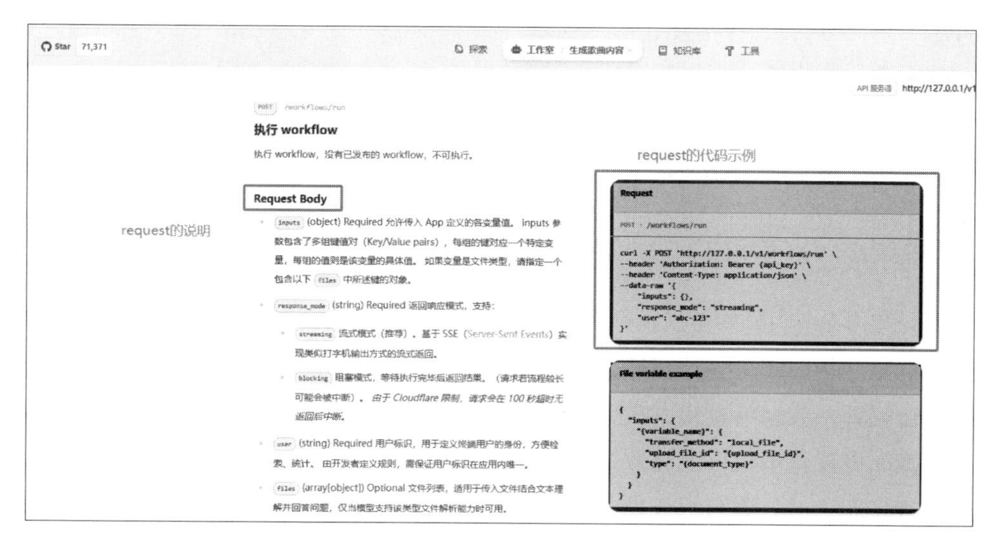

图 2-34　“API 密钥”界面中的说明

图 2-35　在 Body 选项卡中，按照“API 密钥”界面的说明进行填写

通过以上配置步骤，可实现Ollama、Dify和DeepSeek接口的快速接入和调用。整个过程涉及工作流搭建、API密钥配置和Postman请求设置，完成后即可进行API接口测试和实际应用。

至此，完成了从工作流搭建、API发布到Postman配置与调用的完整流程。该流程以模块化方式设计，步骤清晰，能够快速实现对Ollama、Dify及DeepSeek接口的调用，为歌曲生成及其他任务提供高效的技术支持。

综合实战3：智能办公应用 · 数据可视化大模型

智能办公应用的兴起与发展不可忽视。随着科技的不断进步，从简单的文字处理器到如今的复杂办公套件，人们的工作方式正在经历一场前所未有的变革，在此过程中，数据可视化大模型扮演了至关重要的角色。

数据可视化不仅仅是将数据以图形化的形式呈现出来以便于用户理解，它更是一种将庞杂的数据组织成易于消化的信息的高效方法。对企业来说，能够直观地理解这些数据意味着更快速、更合理的决策制定。大模型的引入使得数据分析的精度与速度都有了质的飞跃。这些模型利用大量的数据集，能够自动识别趋势和异常，并以可视化的方式呈现出来。这样一来，即便是非技术背景的业务人员也能轻松掌握数据动态，及时调整策略。通过智能办公中数据可视化大模型的应用，工作效率得到了显著提升。团队在项目管理、成本控制及市场策略的制定上都能更精准地做出判断。这不仅有助于提升企业的市场竞争力，也使得员工的日常工作更具成效和方向性。最终将推动整个行业向更加智能化和效率化的方向发展。

接下来将详细讲解数据可视化大模型本地部署的方法和训练技巧。

步骤1：建立销售量化表

图2-36展示了基础销售量化表，包含产品名称和对应的销售数据，这些数据将用于后续的可视化处理。

月份	收入（w）
1	30
2	21
3	55
4	88
5	102
6	70
7	87
8	99
9	152
10	133
11	100
12	89

图 2-36　销售量化表

步骤2：通过Dify平台建立工作流

工作流配置过程从开始节点设置起步。图2-37显示了开始节点的配置界面，其中file选项作为数据输入的入口。随后文档提取器被配置为接收开始节点的file变量，用于解析输入的文档数据（图2-38）。

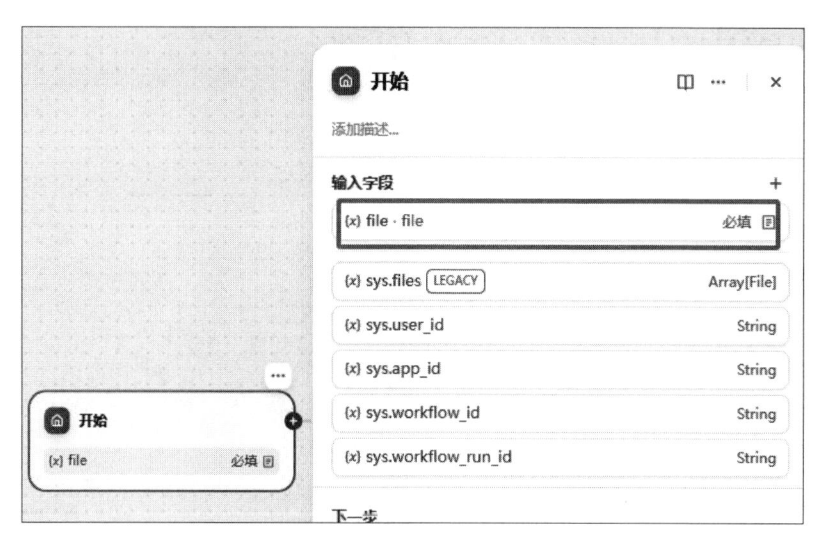

图 2-37　设置开始节点

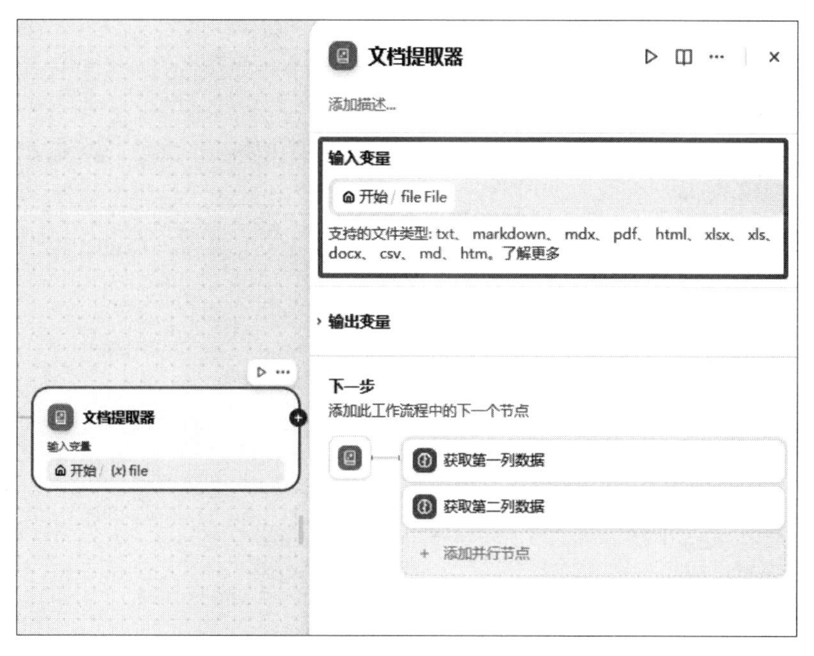

图 2-38　设置文档提取器，输入变量为开始的 file

系统分别提取了量化表的第一列和第二列数据，为后续的可视化准备了规范化的数据源（图2-39和图2-40）。

添加线性图表节点，线性图表节点的配置完成后，系统自动生成了反映销售趋势的线性图，直观地展示了销售数据的变化趋势（图2-41和图2-42）。

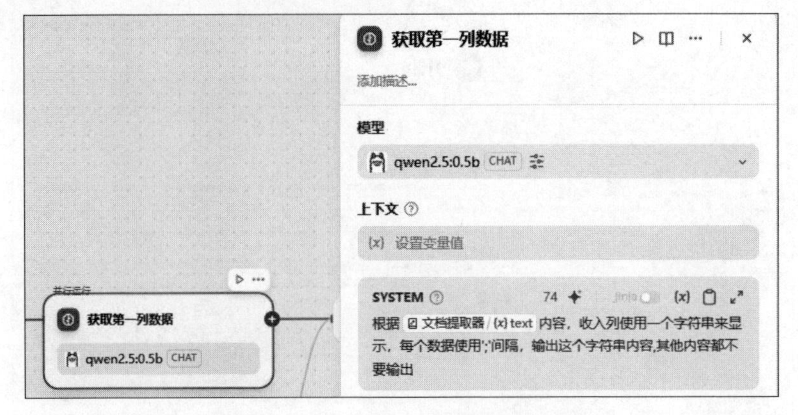

图 2-39　添加获取第一列数据节点并设置

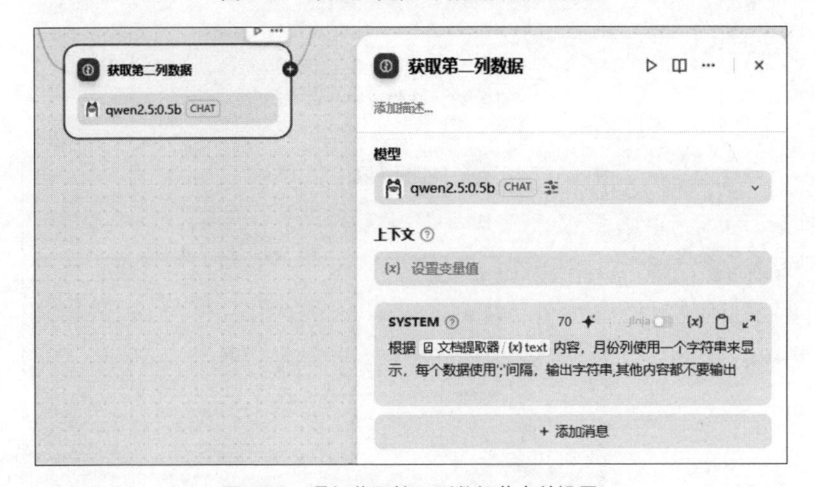

图 2-40　添加获取第二列数据节点并设置

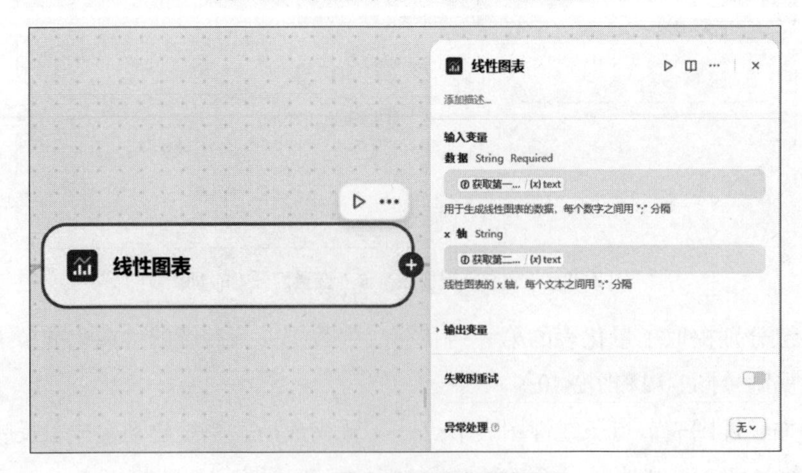

图 2-41　添加线性图表节点并设置

通过添加线性图表、饼状、柱状图工具，“工具”面板中生成了3个选项（图2-43和图2-44），并且相应添加了3个可视化节点。通过这些节点，可以生成不同类型的图表来展示销售数据。

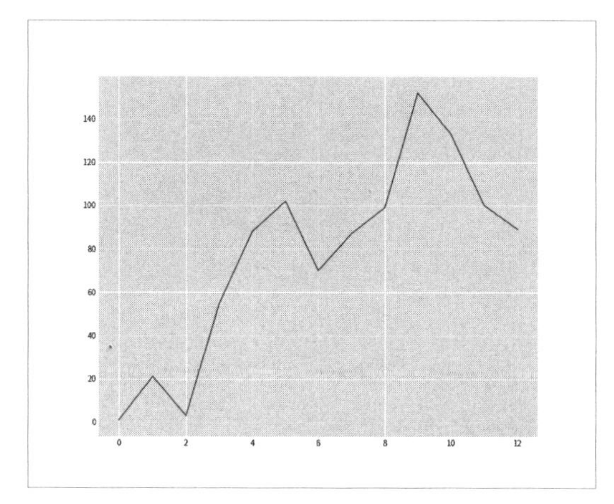

图 2-42　生成线性图

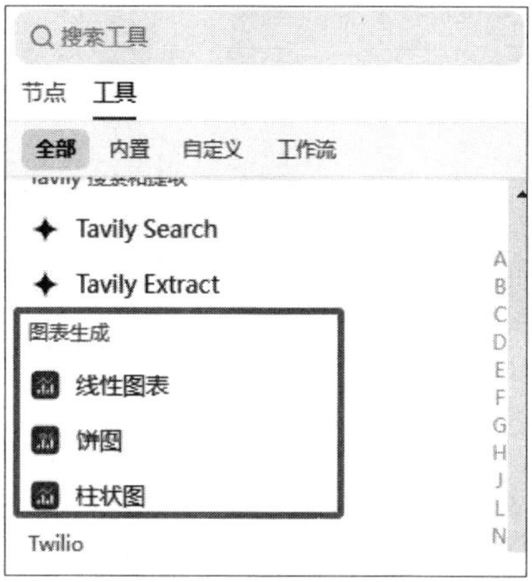

图 2-43　添加工具节点

图 2-44　添加 3 个节点

结束节点的设置如图2-45所示，确保了工作流的完整性。图2-46和图2-47展示了系统生成的柱状图和饼图，这些图表清晰地展现了各产品的销售比例分布。

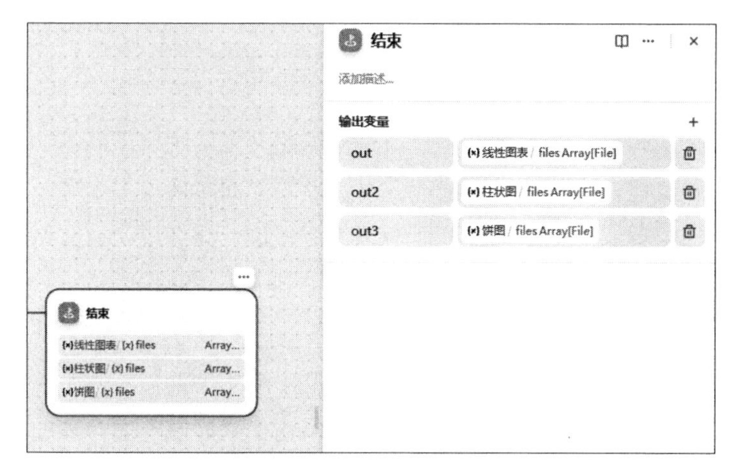

图 2-45　设置结束节点

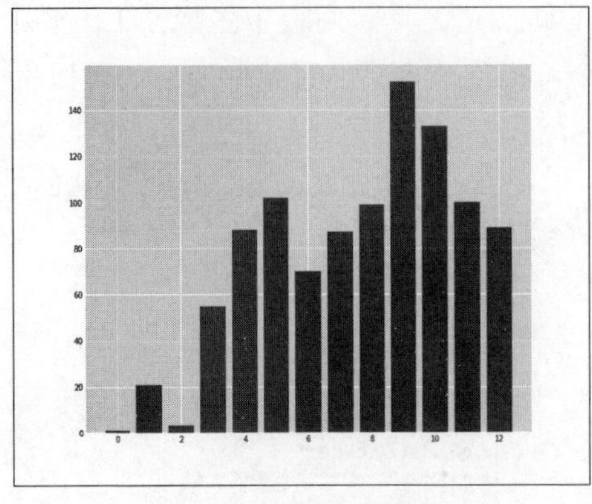

图 2-46　柱状图的生成

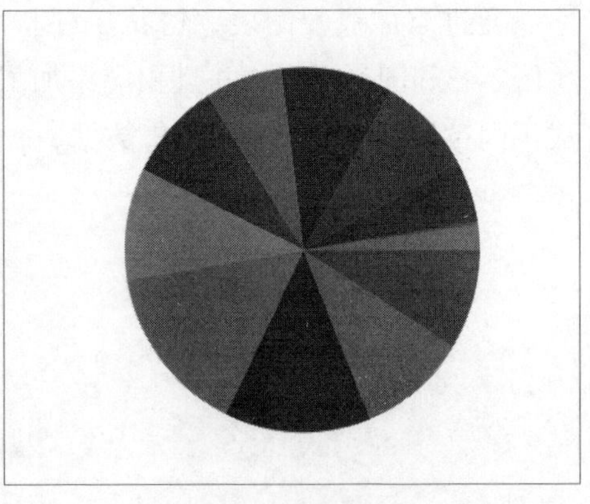

图 2-47　饼图的生成

图2-48呈现了完整的工作流结构图，包含从数据输入、处理到多样化图表输出的全部节点。整个工作流实现了销售数据的自动化可视化处理，为用户提供了直观、专业的数据展示方案。

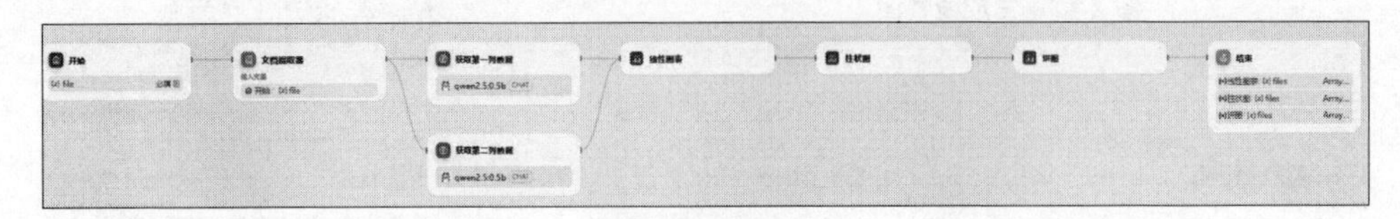

图 2-48　整体工作流

该工作流设计合理，操作简单，能够快速将原始销售数据转化为多种可视化图表，为销售分析和决策提供有力支持。不同类型的图表展示，可以使数据分析更加直观和全面。

综合实战4：AI大模型+前端全栈开发

接下来将AI与前端技术相结合，通过全链路开发实现智能问答功能，涵盖工作流设计、知识检索、条件分支处理，以及前端界面实现等多个环节，最终搭建出一个完整的AI智能助手系统。下面对整体流程进行详细说明，并结合相关图片与代码进行解析。

步骤1：在Dify平台中建立工作流

图2-49展示了工作流的整体布局结构。工作流从数据输入开始，经过条件分支处理、知识检索和大模型节点处理，将结果输出到前端界面。完整的流程逻辑清晰，层次分明，为后续开发提供了强有力的支撑。

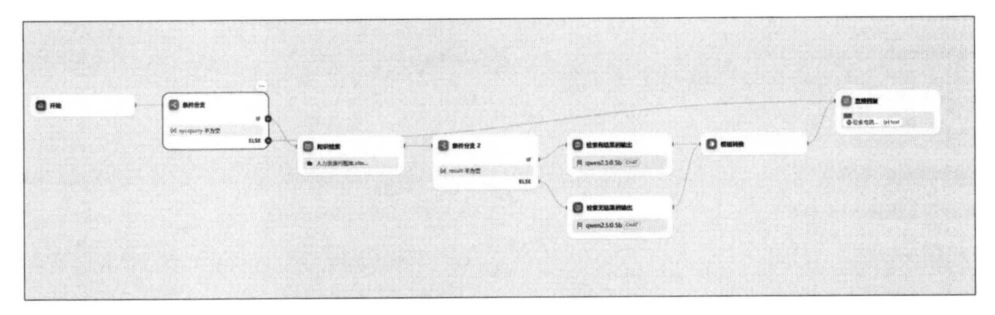

图 2-49　整体工作流布局

图2-50展示了开始节点的设置过程。开始节点主要用于接收用户输入的数据，添加变量string，并作为整个工作流的启动入口。通过对输入进行合理配置，可以确保后续节点能够顺利接收和处理数据。

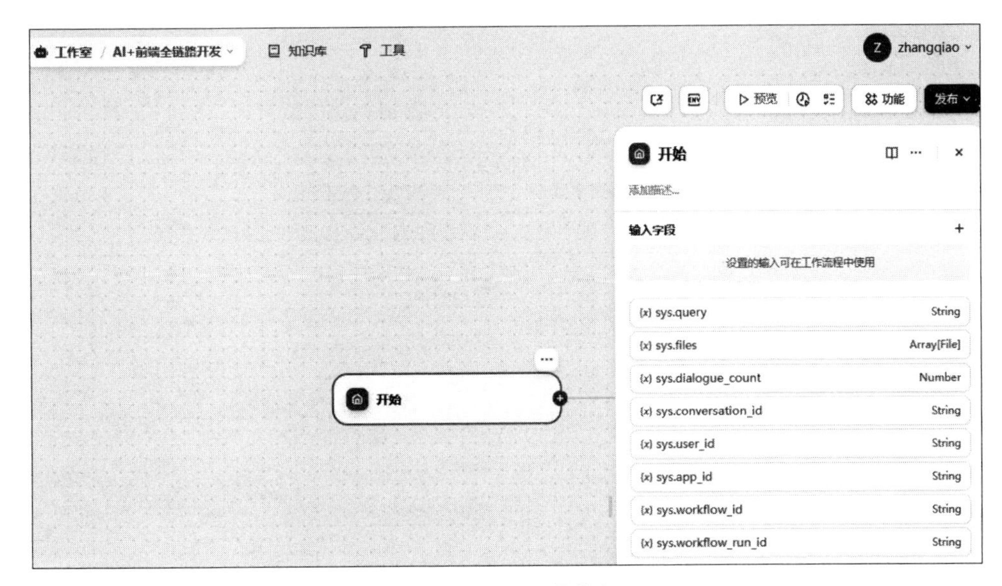

图 2-50　设置开始节点

图2-51展示了条件分支节点的设置。条件分支节点通过设置IF和ELSE逻辑，将输入数据根据预设条件进行不同路径的分流处理，为工作流的分支执行提供灵活性。

图2-52展示了知识检索节点的添加与配置过程。该节点负责调用知识库中的内容进行智能检索。图2-53进一步展示了知识库的创建及人力资源问题库的添加过程。在知识库中添加相关领域的问题库，可以使检索结果更加精准，为用户提供更具针对性的答案。

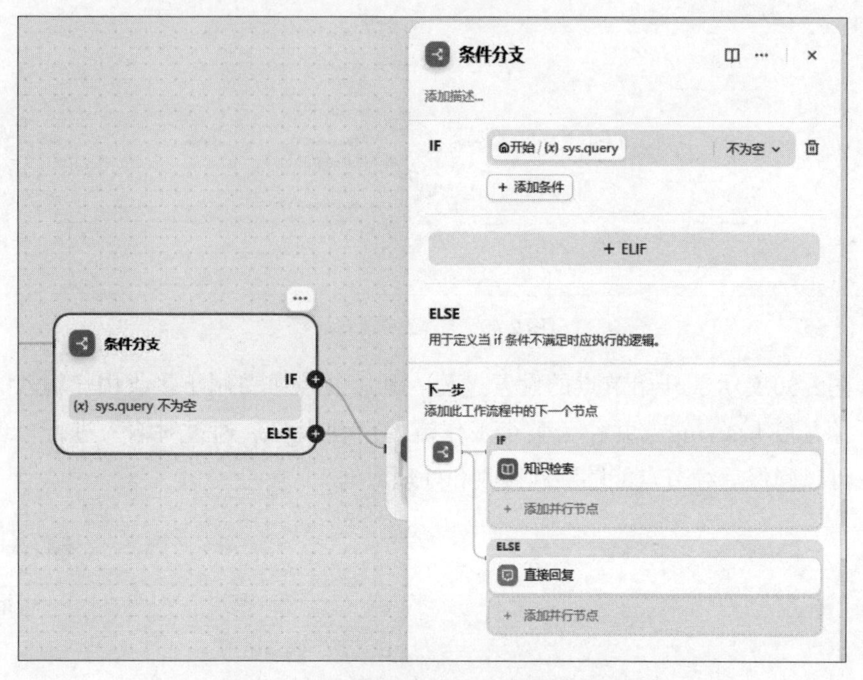

图 2-51　增加条件分支节点，并设置 IF&ELSE

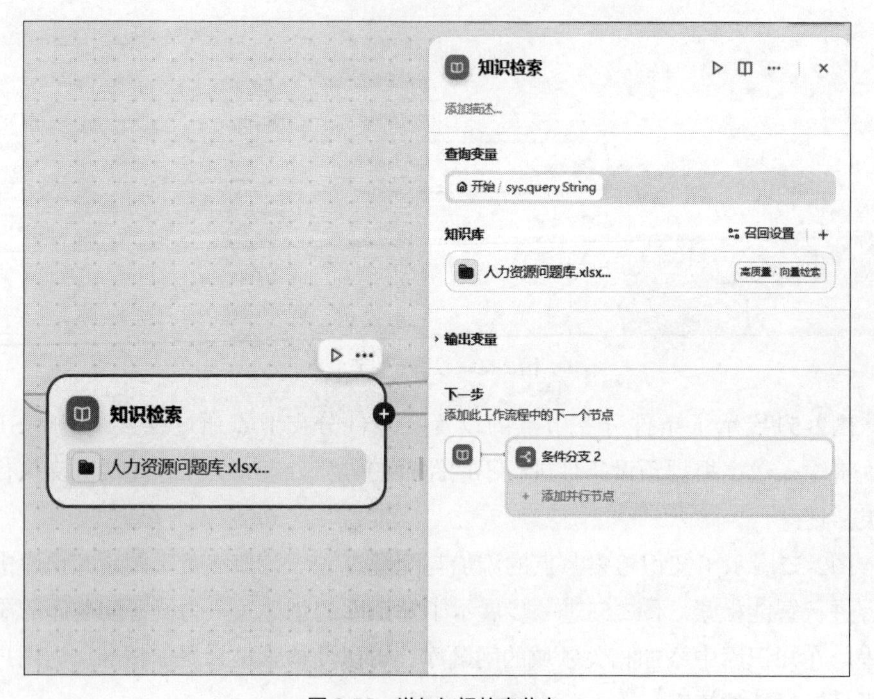

图 2-52　增加知识检索节点

图 2-53 创建知识库，添加人力资源问题库

图2-54展示了结合知识检索结果的条件分支节点配置。根据检索结果的有无，分别进入不同的分支路径。对于有结果的情况，直接输出答案；对于无结果的情况，则进入补充内容的路径。

图 2-54 增加条件分支节点

添加大模型节点，记录根据检索结果设置不同处理路径的过程，当检索到相关答案时，系统输出符合条件的回答；当未检索到结果时，系统会给出建议添加的内容。图2-55和图2-56分别展示了两种情况下的大模型节点设置：一是通过知识检索有结果的分支，设置关键词并输出问题；二是通过知识检索无结果的分支，设置关键词并补充需要添加的内容。大模型节点的引入使得工作流具备了强大的智能处理能力。

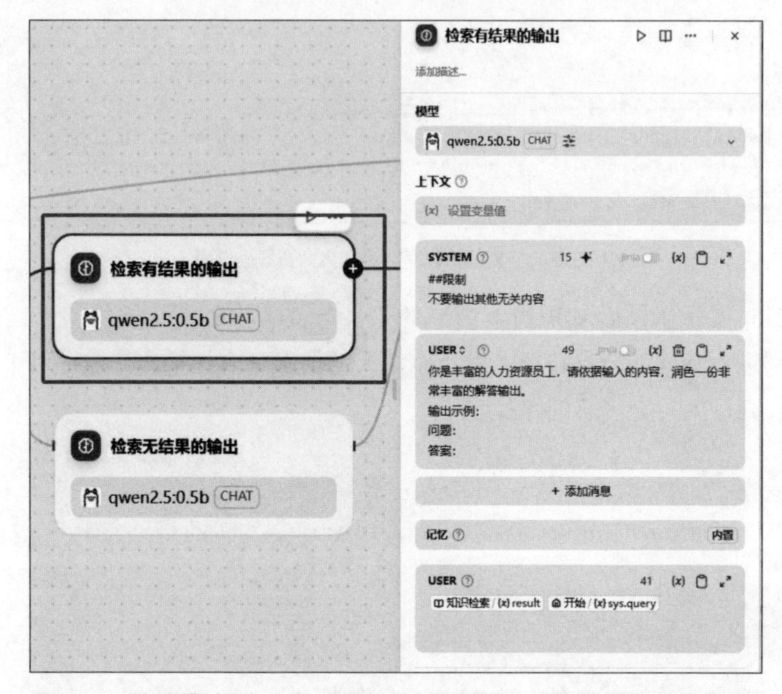

图 2-55　增加大模型节点，通过知识检索有结果输出，设置关键词，并输出问题

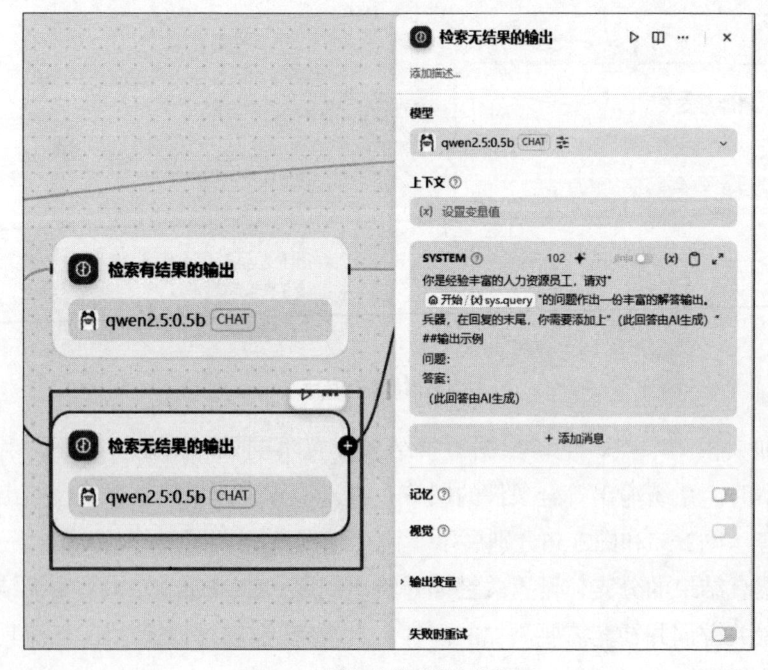

图 2-56　增加大模型节点并设置

通过知识检索无结果输出后，设置关键词，并增加应该添加的内容，图2-57根据上述节点的处理结果，展示了如何将结果输出到系统中，图2-58进一步展示了将结果转换为文字的过程，并展示了结果输出的配置方式。至此，通过输出模块的设置，最终生成了符合预期的回答内容。

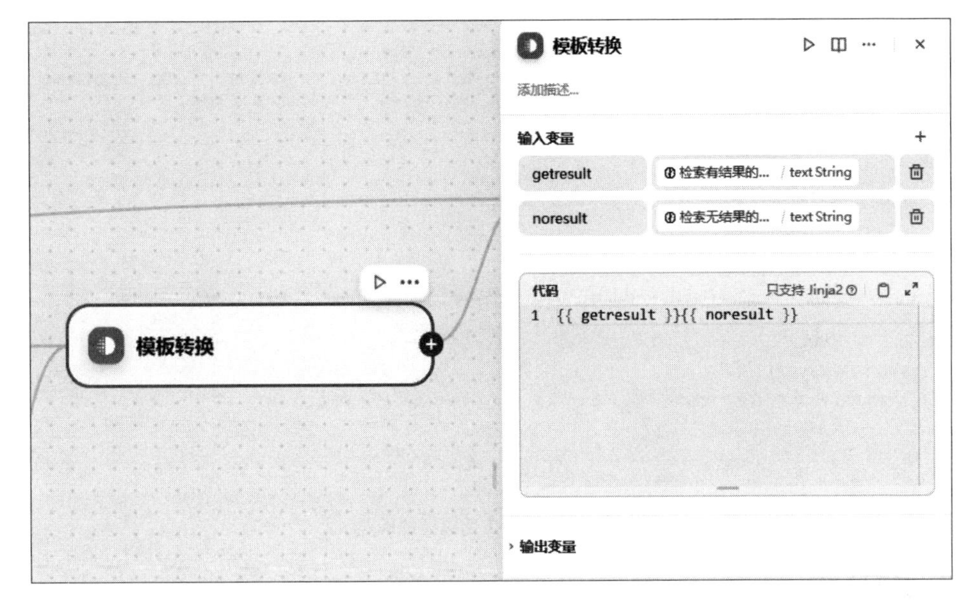

图 2-57　将以上结果输出

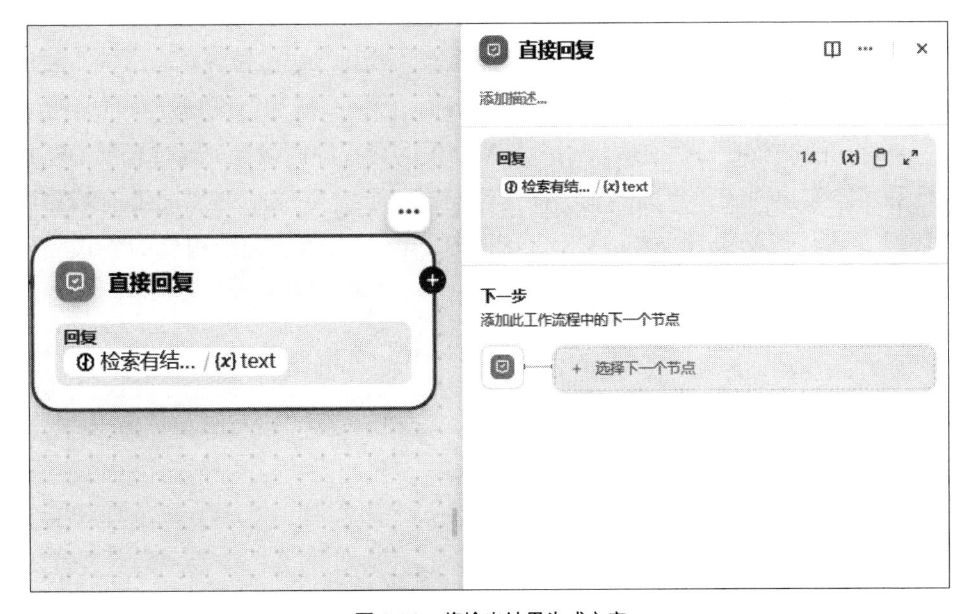

图 2-58　将输出结果生成文字

图2-59列出了知识库中预设的专业问题集。由此可见，通过设计覆盖全面且针对性强的问题，可以显著提高知识检索的准确性和系统的实用性。

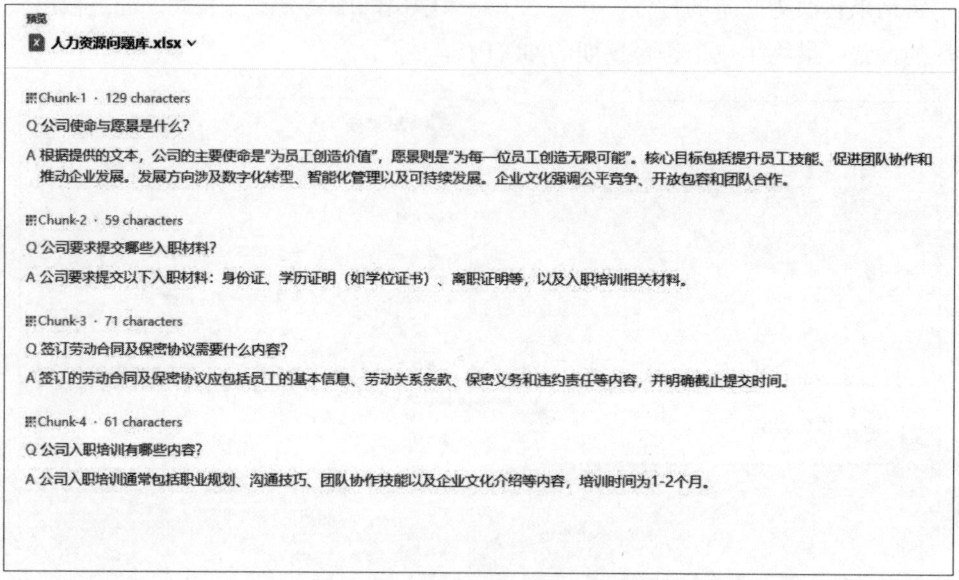

预览

人力资源问题库.xlsx

Chunk-1 · 129 characters

Q 公司使命与愿景是什么?

A 根据提供的文本，公司的主要使命是"为员工创造价值"，愿景则是"为每一位员工创造无限可能"。核心目标包括提升员工技能、促进团队协作和推动企业发展。发展方向涉及数字化转型、智能化管理以及可持续发展。企业文化强调公平竞争、开放包容和团队合作。

Chunk-2 · 59 characters

Q 公司要求提交哪些入职材料?

A 公司要求提交以下入职材料：身份证、学历证明（如学位证书）、离职证明等，以及入职培训相关材料。

Chunk-3 · 71 characters

Q 签订劳动合同及保密协议需要什么内容?

A 签订的劳动合同及保密协议应包括员工的基本信息、劳动关系条款、保密义务和违约责任等内容，并明确截止提交时间。

Chunk-4 · 61 characters

Q 公司入职培训有哪些内容?

A 公司入职培训通常包括职业规划、沟通技巧、团队协作技能以及企业文化介绍等内容，培训时间为1-2个月。

图 2-59　知识库所需要的问题

步骤2：在Postman平台中调取代码

本系统采用现代化的Web技术栈，构建了一个响应式的AI对话界面。界面设计注重用户体验，包含聊天消息展示区、输入区域和发送按钮等核心组件。通过layui框架提供的UI组件和jQuery实现交互功能，确保系统运行流畅且界面美观。

前端代码的核心目标是实现用户与AI助手的交互界面设计。通过合理的样式设计和功能实现，确保界面美观、操作流畅，以下为实现AI智能助手前端界面的代码。该代码结合HTML、CSS和JavaScript，以简洁且结构化的方式完成了界面布局、样式设计和交互功能的实现。

调取所需要的前端网页代码如下。

```
<!DOCTYPE html>
<html>
<head>
    <meta charset="UTF-8">
    <title>AI 聊天室</title>
```

```
<link rel="stylesheet" href="https://unpkg.com/layui@2.6.8/dist/css/layui.css">
<style>
  body {
    background-color: #f5f7fa;
    margin: 0;
    font-family: "Microsoft YaHei", sans-serif;
  }

  .chat-container {
    max-width: 1200px;
    margin: 30px auto;
    padding: 20px;
    background-color: #fff;
    box-shadow: 0 2px 12px rgba(0, 0, 0, 0.1);
    border-radius: 12px;
  }

  .header {
    text-align: center;
    margin-bottom: 20px;
    padding: 20px 0;
    border-bottom: 1px solid #eee;
  }

  .header h2 {
    color: #333;
    margin: 0;
    font-size: 24px;
  }

  .chat-box {
    height: 600px;
    border: 1px solid #e8e8e8;
    border-radius: 8px;
    background-color: #fff;
```

```
    overflow-y: auto;
    padding: 20px;
    margin-bottom: 20px;
    box-shadow: inset 0 0 10px rgba(0, 0, 0, 0.05);
}

.message {
    margin-bottom: 25px;
    display: flex;
    align-items: flex-start;
    animation: fadeIn 0.3s ease;
}

@keyframes fadeIn {
    from { opacity: 0; transform: translateY(10px); }
    to { opacity: 1; transform: translateY(0); }
}

.message.user {
    flex-direction: row-reverse;
}

.message-content {
    max-width: 70%;
    padding: 15px 20px;
    border-radius: 12px;
    margin: 0 15px;
    box-shadow: 0 2px 6px rgba(0, 0, 0, 0.1);
    line-height: 1.5;
    font-size: 15px;
}

.user .message-content {
    background-color: #1890ff;
    color: #fff;
```

```
  border-bottom-right-radius: 4px;
}

.ai .message-content {
  background-color: #f4f6f8;
  color: #333;
  border-bottom-left-radius: 4px;
}

.avatar {
  width: 42px;
  height: 42px;
  border-radius: 50%;
  box-shadow: 0 2px 8px rgba(0, 0, 0, 0.15);
  border: 2px solid #fff;
}

.input-area {
  display: flex;
  gap: 15px;
  padding: 20px;
  background: #f9fafb;
  border-radius: 8px;
  box-shadow: 0 -2px 10px rgba(0, 0, 0, 0.05);
}

.layui-textarea {
  resize: none;
  border: 1px solid #e0e0e0;
  border-radius: 8px;
  padding: 12px;
  min-height: 80px;
  font-size: 15px;
  transition: all 0.3s ease;
}
```

```
.layui-textarea:focus {
    border-color: #1890ff;
    box-shadow: 0 0 0 2px rgba(24, 144, 255, 0.2);
}

.layui-btn {
    height: 80px;
    width: 100px;
    background-color: #1890ff;
    border-radius: 8px;
    font-size: 16px;
    transition: all 0.3s ease;
}

.layui-btn:hover {
    background-color: #40a9ff;
    transform: translateY(-1px);
}

.status-typing {
    padding: 8px 12px;
    background-color: #f4f6f8;
    border-radius: 12px;
    color: #666;
    font-size: 14px;
    display: none;
    margin-bottom: 15px;
}

/* 自定义滚动条 */
.chat-box::-webkit-scrollbar {
    width: 6px;
}
```

```
        .chat-box::-webkit-scrollbar-thumb {
            background-color: #d0d0d0;
            border-radius: 3px;
        }

        .chat-box::-webkit-scrollbar-track {
            background-color: #f5f5f5;
        }
    </style>
</head>
<body>
    <div class="chat-container">
        <div class="header">
            <h2>AI 智能助手</h2>
        </div>
        <div class="chat-box" id="chatBox">
            <div class="status-typing" id="typingStatus">AI 正在思考...</div>
        </div>
        <div class="input-area">
            <div class="layui-input-block" style="margin-left: 0; flex: 1;">
                    <textarea id="messageInput" placeholder="请输入您的问题..." class="layui-
textarea"></textarea>
            </div>
            <button class="layui-btn" id="sendBtn">发 送</button>
        </div>
    </div>

    <script src="https://code.jquery.com/jquery-3.6.0.min.js"></script>
    <script src="https://unpkg.com/layui@2.6.8/dist/layui.js"></script>
    <script>
        $(document).ready(function() {
            const chatBox = $('#chatBox');
            const messageInput = $('#messageInput');
            const sendBtn = $('#sendBtn');
            const typingStatus = $('#typingStatus');
```

```
        let conversationId = '';

        //添加消息到聊天框
        function addMessage(content, isUser = false) {
          const messageHtml = `
            <div class="message ${isUser ? 'user' : 'ai'}">
              <img class="avatar" src="${isUser ? 'https://picsum.photos/42/42?user' : 'https://
picsum.photos/42/42?ai'}">
              <div class="message-content">${content}</div>
            </div>
          `;
          typingStatus.before(messageHtml);
          chatBox.scrollTop(chatBox[0].scrollHeight);
        }

        //发送消息到服务器
        function sendMessage(content) {
          typingStatus.show();
          const payload = {
            inputs: {},
            query: content,
            response_mode: "blocking",
            conversation_id: conversationId,
            user: "abc-123"
          };

          $.ajax({
            url: 'http://127.0.0.1/v1/chat-messages',
            type: 'POST',
            headers: {
              'Authorization': 'Bearer app-4OooJ8X7lcVUhBy5fY9ZmYVg',
              'Content-Type': 'application/json'
            },
            data: JSON.stringify(payload),
            xhrFields: {
```

```
            onprogress: function(e) {
                const response = e.currentTarget.response;
                try {
                    const lines = response.split('\n');
                    for (const line of lines) {
                        if (line.trim()) {
                            const data = JSON.parse(line);
                            if (data.event === 'message' && data.answer) {
                                addMessage(data.answer, false);
                            }
                            if (data.conversation_id) {
                                conversationId = data.conversation_id;
                            }
                        }
                    }
                } catch (error) {
                    console.error('解析响应出错:', error);
                }
            }
        },
        error: function(xhr, status, error) {
            console.error('请求失败:', error);
            addMessage('抱歉，发生了错误，请稍后重试。', false);
        },
        complete: function() {
            typingStatus.hide();
        }
    });
}

// 发送按钮单击事件
sendBtn.click(function() {
    const content = messageInput.val().trim();
    if (content) {
        addMessage(content, true);
```

```
                sendMessage(content);
                messageInput.val('');
            }
        });

        // 按【Enter】键发送消息
        messageInput.keypress(function(e) {
            if (e.which === 13 && !e.shiftKey) {
                e.preventDefault();
                sendBtn.click();
            }
        });

        // 初始化 layui
        layui.use(['layer'], function() {
            var layer = layui.layer;
        });
    });
  </script>
</body>
</html>
```

在构建现代化Web即时通信应用时，前端架构设计需兼顾界面呈现、交互逻辑与性能优化3个方面要求。下面从技术实现的角度解析典型解决方案的核心要素。

语义化HTML5文档结构

采用<!DOCTYPE html>声明确保文档遵循HTML5标准，使用<article><section>等语义化标签构建层级分明的DOM树。主体结构划分为头部导航区、消息容器区、输入操作区3个主要模块，通过layui框架的container布局组件实现基础UI的搭建。消息气泡元素采用<div class="message-item">封装，内嵌<time>标签标记时间戳，<p>标签承载文本内容，符合内容与样式分离原则。

响应式CSS布局体系

通过flex弹性布局实现消息容器的自适应高度，设定calc(100vh-160px)动态计算可视区域。定义@keyframes消息入场动画，结合transform: translate*Y*属性实现平滑的渐入效果。针对不同设备的宽度设置媒体查询断点，当屏幕宽度小于768px时自动调整输入框文字尺寸为14px。使用::-webkit-scrollbar伪类自定义滚动条轨道与滑块样式，设置border-radius:10px实现圆角视觉效果，同时保留原生滚动行为。

实时通信JavaScript模块

创建WebSocket实例建立持久化连接，通过addEventListener监听message事件实现消息实时推送。消息发送函数封装XMLHttpRequest对象，设置Content-Type为application/json格式，在readystatechange回调中处理HTTP状态码200与500两种响应情况。错误处理机制包含网络超时检测（setTimeout）和异常捕获（try...catch），通过layui.laycr.toast组件显示错误提示。键盘事件监听器绑定document对象，检测event.ctrlKey与keyCode组合实现Ctrl+Enter快捷发送功能。

该技术方案通过分层架构设计，实现了高内聚低耦合的代码组织形态。语义化HTML结构确保内容可访问性，CSS3特性增强了视觉表现力，异步通信机制保障实时交互体验，最终形成稳定可靠的浏览器端即时通信解决方案。在实际开发中，可结合具体业务需求扩展文件传输、消息撤回等进阶功能模块。

步骤3：在网页中测试

图2-60展示了系统的最终运行界面，包含聊天窗口和输入区域。通过记录实际对话测试场景，验证了系统的问答功能正常运行（图2-61）。

图 2-60　最终输出界面

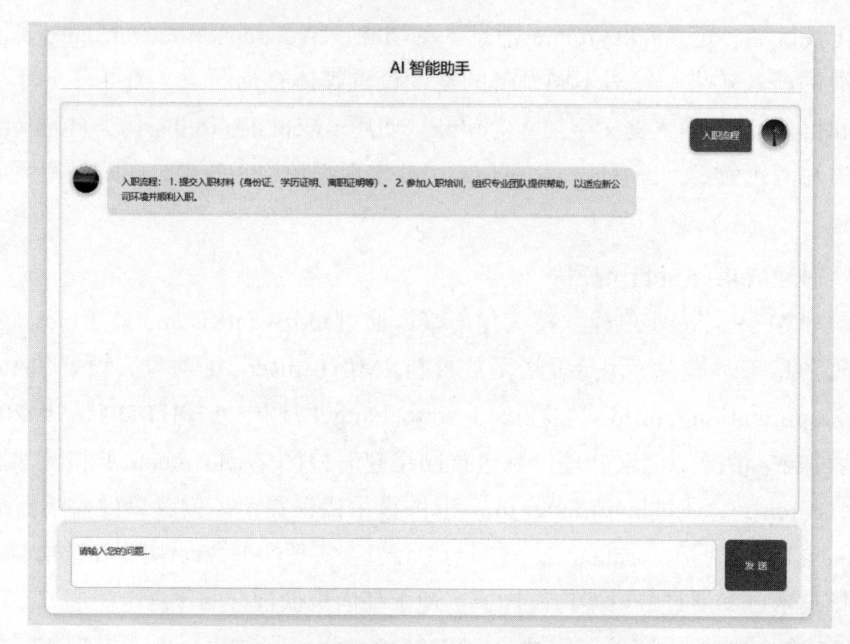

图 2-61　最终输出界面调试，通过提问得到结果

通过结合AI技术与前端开发，完成了从工作流设计到用户交互界面的全链路开发。系统支持知识检索与智能问答，界面友好且功能完善，为智能助手类应用的开发提供了完整的解决方案。这种模块化的开发方式大幅提升了开发效率，同时具备良好的扩展性和实用性。

Dify 系统部署与应用

3.1 Dify 系统基础

3.1.1 检索增强生成的原理

Dify 是一个基于大型语言模型（Large Language Model，简称LLM）的应用开发平台，旨在降低 AI 应用开发的门槛，它提供了强大的工具和直观的界面，支持开发者快速构建、部署和管理 AI 驱动的应用程序。通过集成多种 LLM、提供可视化开发工具和自动化工作流，Dify 使开发者能够更高效地实现创新和应用落地。

在当今信息量巨大的时代，如何从海量数据中快速检索并生成符合需求的内容，成为一个亟待解决的问题。Dify 系统通过检索增强生成这一原理，提供了一种有效的解决方案。检索增强生成结合了传统的信息检索和内容生成技术，利用搜索技术从现有大数据中提取相关信息，再通过自然语言处理和生成模型对信息进行重组和优化输出。具体来说，系统首先会通过用户输入的关键词或主题，从海量数据中寻找相关的文档或信息片段，然后通过深度学习模型对这些信息进行分析，提取关键信息，同时去除冗余和噪声。最终，Dify 系统生成的内容会在逻辑性和信息密度上都达到用户的要求。在这个过程中，Dify 系统得益于语义理解能力，确保结果内容的准确性和相关性，从而实现高效的海量数据挖掘与信息生成。这种结合检索与生成的方式，不仅提升了内容生成的效率，还在一定程度上确保了生成内容的质量和精准度，适用于需要快速获取精准信息的场景。

如果把Dify比作是一个智能图书管理员，它可以帮人们快速找到需要的信息。想象一下，当你去图书馆查询资料，图书管理员不仅能帮你找到相关的书，还能告诉你书里具体哪些内容对你有帮助。而运用Dify进行前端开发，就是设计一个更加智能友好的界面，让任何用户都可以方便地向智能图书管理员提问。为了使系统回答得更快，可以使用一些小技巧，比如把经常问的问题的答案存在附近，即缓存；或者提前准备好可能需要的资料，即预加载，就像你去快餐店，常见的菜品都是提前准备好的，这样可以更快地把用户需要的信息快速呈现给用户。

检索增强生成（Retrieval-Augmented Generation，简称RAG）是一种结合信息检索与文本生成的技术。其核心原理是通过从外部知识库中检索相关文档片段，并将这些片段作为上下文输入生成模型，从而提升生成结果的准确性和专业性。

在本地部署场景中，RAG的实现通常包含以下步骤。

知识库构建：将私有文档（如员工手册、产品资料）上传至系统，通过嵌入模型（Embedding Model）将文本转化为向量表示，存储于向量数据库中。
检索阶段：当用户输入问题时，系统将问题同样转化为向量，并从向量数据库中检索与之相似度最高的文本片段。
生成阶段：将检索到的文本片段与用户的问题拼接，输入大语言模型（如DeepSeek）生成最终回答。

例如，在员工手册中查询“每月最多可迟到几次”，系统会先检索文档中关于考勤制度的段落，再结合上下文生成具体答案。此方法既保证回答的准确性，又避免了模型因缺乏领域知识而产生错误。

3.1.2 向量数据库选型与配置

选择合适的向量数据库对于检索增强生成（Retrieval-Augmented Generation，简称RAG）系统的性能至关重要。在考虑数据库选型时，首先应评估其对高维向量的存储和检索能力。在此过程中效率和精确度尤为重要，因此需要针对不同的数据规模和查询类型测试数据库性能。

其次，数据库的扩展性也是需要重要考量的，尤其是在应对大量数据增长和复杂查询需求时，能够灵活扩展的系统可以显著提高整体效率。不同的数据库在一致性、可用性和分区容忍性等方面的优劣势也各不相同，因此需要根据具体的RAG应用场景和业务需求进行权衡。

再次，在配置数据库时，还需要考虑硬件和网络带宽的影响，以避免出现瓶颈，确保查询速度和系统的稳定性。同时，兼容性与现有技术栈的整合需求也不容忽视。

在选型和配置过程中，应密切关注以上因素，以实现最优的系统性能和用户体验。

向量数据库是RAG系统的核心组件，负责存储和高效检索文本的向量化表示，以下为选型与配置的关键要点。

选型建议

本地轻量级方案：若资源有限，可选用与Ollama集成的默认向量存储方案，适用于小规模知识库。
高性能需求：推荐开源工具如FAISS（Facebook AI Similarity Search，Facebook

相似性搜索库）或Milvus（向量数据库），支持快速相似度计算与分布式部署，适合处理大规模数据。

配置实践

环境准备：安装Docker并配置运行环境，确保依赖项（如GPU驱动、Python库）完整。

嵌入模型集成：选择高效的嵌入模型，如BGE-M3（Open AI开发的一种多模态、多任务、多语言的通用模型），通过API或本地部署将其与向量数据库对接。

路径优化：为避免占用系统磁盘空间，可通过修改环境变量调整模型存储路径（例如将Ollama默认的C盘路径迁移至其他盘符）。

在开发过程中需要注意以下内容。首先，显存与模型大小的匹配至关重要。例如，8GB显存可运行7B参数模型，若使用14B模型可能导致显存不足。其次，推荐使用工具（如海豚加速器）简化安装流程，尤其适合新手避免环境配置中的常见错误。

3.1.3 文档预处理与索引构建

在现代信息检索系统中，尤其是在RAG系统中，文档预处理作为整个流程的基石，承担着至关重要的角色。这一步骤不仅仅是准备数据，还直接关系到检索结果的精准性和效率。文档预处理的质量高低，往往会在很大程度上影响整个系统的最终表现。因此，采用标准化的流程是必不可少的，以确保系统的稳定性和高效性。文档预处理包括文本的规范化操作，如去除特殊字符、标点符号和多余的空格，以保证数据的一致性。同时，停止词的过滤也至关重要，这有助于减小数据体积，提高检索效率。此外，分词处理，可通过分解文本为更小的部分，使其能够被更好地分析和利用。接下来是词干提取和词形还原，这些操作有助于减少词汇的发散性，使系统能够识别同根词汇，从而提高检索结果的相关性。在这些基础操作完成后，构建高效的索引结构对于快速检索响应是不可或缺的。索引构建通过将预处理后的文本数据组织成可检索的结构，使得系统能够在最短的时间内返回最相关的结果。

总之，文档预处理与索引构建是一个复杂而精细的过程，需要精确的操作和严谨的标准化流程来确保最终的检索系统能高效、精准地运行，下面介绍标准化流程。

数据准备

格式统一：将文档转换为纯文本或Markdown（一种轻量型标记语言）格式，去除冗余符号、图片等非结构化内容。
分块处理：按段落或章节切分文档，每块长度建议控制在200~500字符，以平衡检索精度与上下文的完整性。

嵌入与索引

向量化：使用嵌入模型将文本块转化为高维向量。例如，BGE-M3模型支持中英文混合文本，适合企业场景。
索引构建：将向量存入数据库并建立索引。在Dify平台中，可选择“高质量”索引模式，结合倒排索引与近似最近邻人工神经网络（Artificial Neural Network，简称ANN）算法提升检索效率。

验证与优化

测试检索效果：输入典型问题（如“带薪年假天数”），检查返回的文档片段是否相关。
迭代更新：定期增删文档并重建索引，确保知识库的时效性。例如，更新考勤制度后需重新嵌入并覆盖旧索引。

上传员工手册后，系统自动分块并生成向量索引。当用户提问时，系统从索引中匹配“考勤制度”段落，结合DeepSeek模型生成符合企业规定的回答。

3.2 Dify 部署与配置

3.2.1 Docker环境配置

Docker（一种开源平台，用于开发、部署和管理应用程序，通过容器化技术，将应用程序及其依赖打包在一个轻量级、可移植的容器中，确保在不同的环境中运行一致 ）是当今最受欢迎的容器化平台。在Windows系统中安装Docker之前，需要检查当前系统是否满足安装Docker的最低要求。用户需要确保Windows版本是Windows 10 Pro、Enterprise或Education 64位版本或更高，因为这些版本提供了对Hyper-V（微软公司推出的一款虚拟化技术，它允许用户在一台物理服务器上创建和管理多个虚拟机，从而实现资源的高效利用和灵活部署）的支持，这是Docker在Windows上运行所必需的虚拟化技术。

此外，确保基本输入或输出系统（Basic Input/ Output System，简称BIOS）中已启用虚拟化功能，这是成功安装Docker的另一个关键因素。完成环境准备后，可以从Docker官方网站下载最新版本的Docker Desktop。在安装过程中，需要注意安装向导中提示的相关选项，特别是有关Hyper-V和Windows Containers（一种在Windows操作系统上适行的容器化技术）的安装建议。务必选择适合自己的工作负载设置，以便在部署应用程序时能够顺利进行。安装完成后，可以通过命令行或Docker Desktop的图形用户界面管理容器。建议初学者先通过官方文档或示例项目熟悉Docker的基本命令和配置，将有助于后续的使用和问题排查。在完成Docker环境的搭建后，即可进行Dify的部署与配置，确保容器化应用能够在生产环境中高效、稳定地运行。

在安装Docker Desktop时，良好的网络连接也是顺利完成安装的重要保障。接下来将详细介绍Docker Desktop的完整安装流程和环境配置方法。

步骤1：访问Docker官网

首先需要访问Docker官方网站，获取安装程序（图3-1）。在官方网站主页的Products菜单中可以找到Docker Desktop选项。选择合适的Windows版本后，系统会自动开始下载Docker Desktop Installer.exe安装文件。

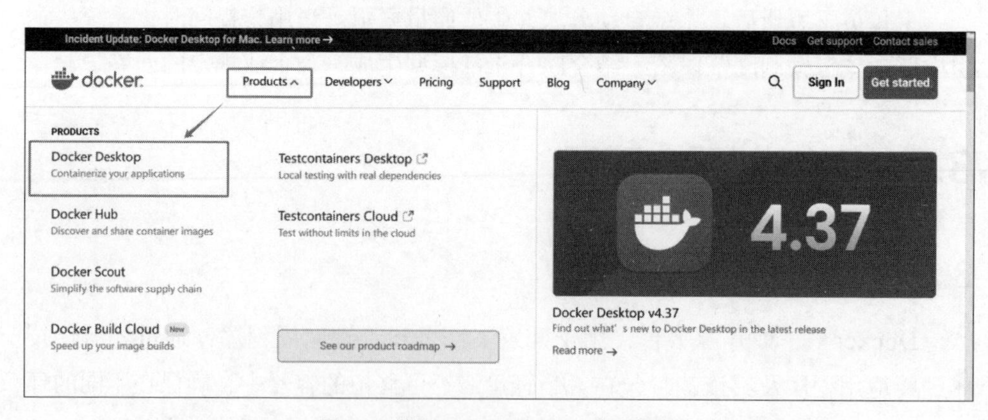

图 3-1 获取 Docker Desktop 安装程序

步骤2：下载Docker安装包并安装

在Docker Desktop的官方网站上选择相应的下载选项后，系统会自动跳转至软件下载页面。该页面清晰展示了可供下载的Docker Desktop版本信息，用户可根据自身操作系统选择适合的版本进行下载（图3-2）。

图 3-2 下载软件

对Windows用户而言，页面会默认显示Windows版本的下载选项。下载按钮通常带有“Download for Windows”字样，单击该按钮即可开始下载安装程序。值得注意的是，Docker Desktop提供支持多个Windows版本，包括Windows 10 Pro、Enterprise和Education版本等（图3-3）。

图 3-3 选择适合的版本进行下载

在下载过程中，系统会自动将Docker Desktop安装程序保存至默认下载目录。安装文件的名称为“Docker Desktop Installer.exe”，文件大小约为几百兆字节。由于软件包较大，下载时间可能会因网络状况而有所不同。

为确保下载的安全性和完整性，建议始终从Docker官方网站下载软件。官方下载渠道不仅能够保证软件版本的最新性，还能避免潜在的安全风险。同时，良好的网络连接将有助于加快下载速度，提升安装体验。

下载完成后（图3-4），安装文件会自动保存在系统默认的下载文件夹中，通常是Downloads目录。用户可以通过文件资源管理器轻松找到Docker Desktop

Installer.exe并开始安装。在启动安装之前，建议确认电脑已满足Docker Desktop的系统要求，包括处理器虚拟化支持、Windows版本等技术条件，这样能够避免安装过程中出现意外情况。

Docker Desktop Installer.exe	2024-06-15 4:08	应用程序	487,594 KB

图 3-4　下载完成的软件

在正式开始安装之前，还有几个重要的准备工作需要注意。首先，确认下载的安装文件的完整性，检查文件大小是否正常，通常在500MB左右。其次，确保计算机有足够的磁盘空间用于安装，建议预留至少2GB的空间以确保安装顺利进行。

安装文件的图标显示为Docker的标志性鲸鱼图案，这是识别正确安装程序的重要标志。如果在下载文件夹中未能立即找到该文件，可以使用Windows搜索功能，输入“Docker Desktop Installer”进行查找。

为了确保安装过程顺利，建议在运行安装程序前关闭可能造成冲突的应用程序。同时，确认当前登录的Windows账户具有管理员权限，因为Docker Desktop的安装需要较高的系统权限才能完成必要的配置。

找到安装文件后，下一步就是启动安装过程，双击安装程序启动软件（图3-5）。安装文件的位置确认无误后，即可进入Docker Desktop的具体安装环节。这个安装程序将引导用户完成Docker环境的全部配置过程，包括必要的系统设置和初始化配置。

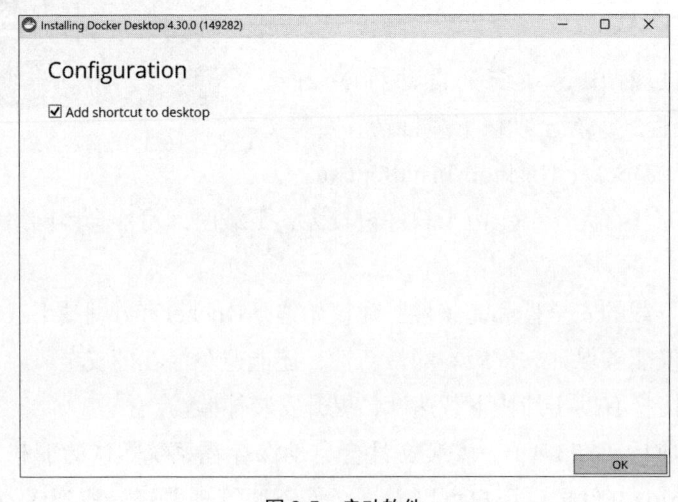

图 3-5　启动软件

在安装Docker Desktop时，单击确认按钮后系统会自动开始安装（图3-6）。在安装过程中无须过多干预，系统会自动完成必要组件的配置和安装。这个过程可能持续几分钟，并在界面下方显示当前安装进度。

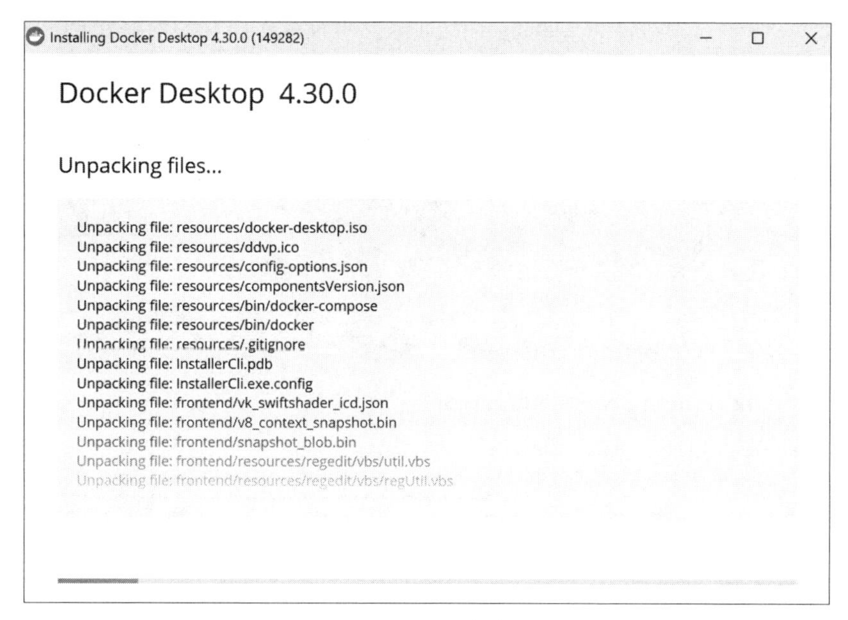

图3-6　正在安装

安装完成后，会显示安装成功的界面（图3-7），同时在桌面上生成Docker Desktop的快捷方式（图3-8）。这个快捷方式使得日后启动Docker变得更加便捷。快捷方式采用了Docker标志性的蓝色鲸鱼图案，易于识别。

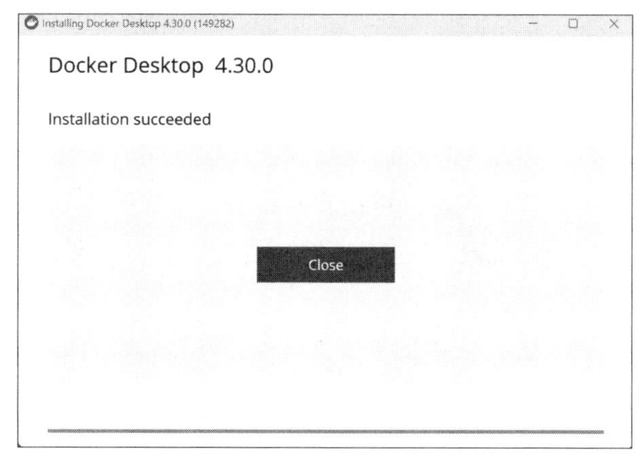

图3-7　安装完成后的界面

图3-8　Docker Desktop的快捷方式

步骤3：启动Docker

启动Docker Desktop只需双击桌面上的快捷方式即可。第一次启动（图3-9）时，系统会进行必要的初始化配置。初始化过程包括检查系统环境、配置虚拟化设置等重要步骤。值得注意的是，首次启动可能需要较长时间，这是因为系统需要完成一系列底层配置工作。

图 3-9　第一次启动程序

启动Docker Desktop后会在系统托盘区显示运行状态图标，通过该图标可以方便地查看Docker的运行状态并进行基本操作。的正常运行状态下，托盘图标呈稳定的蓝色，表示Docker服务已经就绪。

为确保Docker Desktop正常运行，建议在首次启动后检查系统状态，可以通过Docker Desktop的主界面查看具体的运行信息，包括容器状态、镜像管理等。如果遇到启动问题，通常可以通过查看Docker Desktop的诊断信息来定位和解决问题。

顺利完成这些步骤后，Docker Desktop就已经准备就绪，可以开始进行容器相关的开发工作了。这个强大的开发工具为后续的容器化应用开发提供了便利的环境支持。

启动Docker Desktop后首先需要接受服务条款，单击Accept按钮进入账号验证环节（图3-10）。在验证账号之后，Docker提供了多种登录方式供用户选择。已注册用户可直接单击Sign in按钮进行登录，系统随即会跳转到Docker官方登录页面（图3-11）。

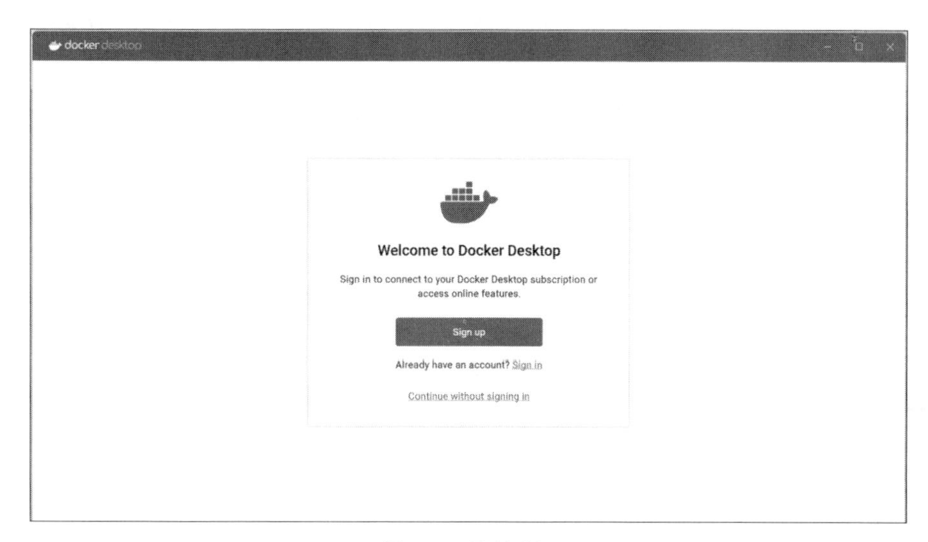

图 3-10　账号验证

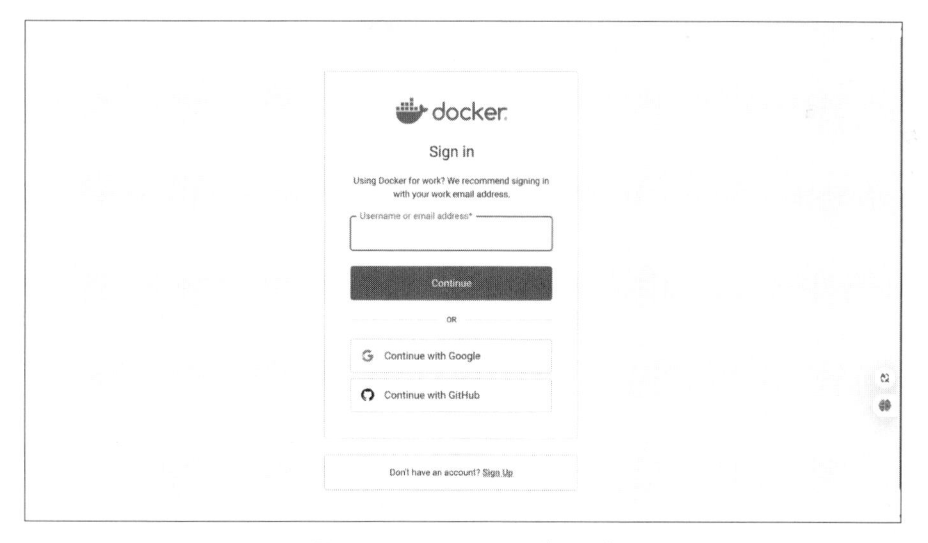

图 3-11　Dock Desktop 登录网址

为了方便用户使用，Docker平台支持多种第三方账号登录方式。用户可以选择使用Google账号或GitHub账号直接登录，无须额外注册Docker账号。这种方式简化了登录流程，特别适合已经使用这些平台的开发者。

对于暂时不想注册账号的用户，Docker提供了免登录使用选项。单击Continue即可跳过登录步骤。之后，系统会询问用户的开发角色（图3-12），这些角色涵盖了广泛的技术领域，包括全栈开发者适合同时负责前后端开发的工程师；前端开发者主要针对用户界面开发人员；后端开发者则专注于服务器端程序开发；对于专注于系统稳定性的工程师，可以选择网站可靠性工程师角色；而平台工程师则更适合选择从事底层平台开发的技术人员；DevOps专家（Development Operations，精通开发和运维全流程的技术领导者）主要面向持续集成和部署的专业人员；基础设施经理适合管理企业IT基础设施的人员；系统管理员则针对维护系统运行的技术人员；安全工程师特别适合从事系统安全工作的专业人士；数据科学家则适合进行数据分析和建模的研究人员。

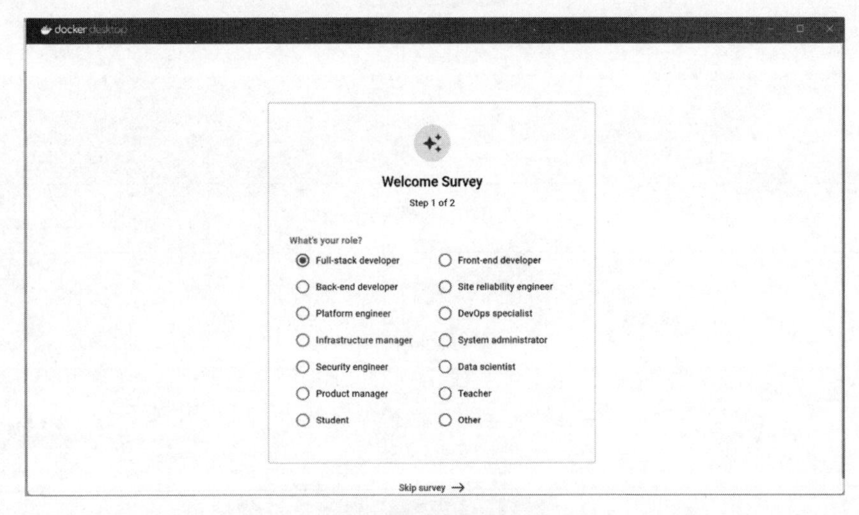

图 3-12　选择开发角色

此外，还包括面向产品管理的产品经理、从事教育工作的教师以及在校学习的学生等角色。如果以上角色都不适合，还可以选择（其他）选项。

需要注意的是，角色选择并非必需的步骤，可以直接单击Skip survey按钮跳过问卷调查。完成这些步骤后，Docker Desktop将显示使用界面（图3-13），标志着安装和初始化全部完成。至此，Docker环境已经准备就绪，可以开始进行容器化应用的开发和部署工作。

Docker环境的成功配置为后续的开发工作奠定了基础。通过这个平台，开发者可以方便地创建、管理和部署容器化应用，极大地提升开发效率和项目部署的便捷性。

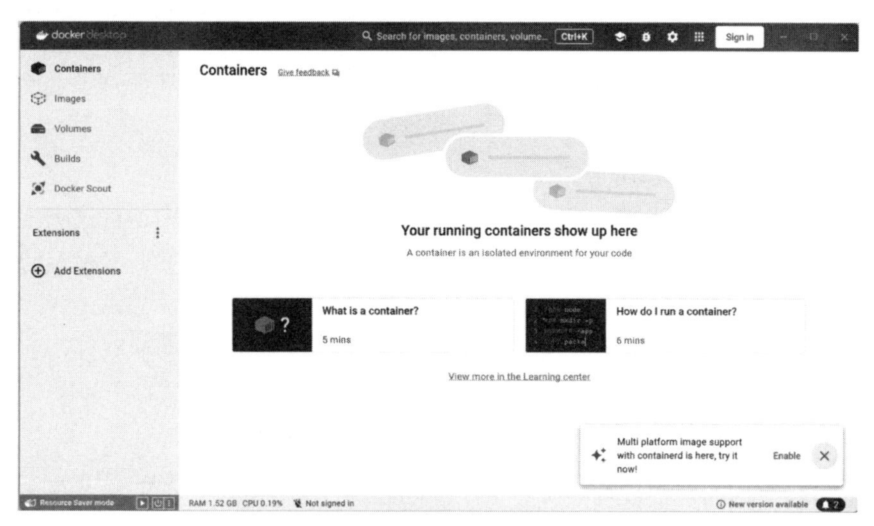

图 3-13 使用界面

Docker Desktop的安装不仅为开发环境搭建提供了便利，更为后续的容器化开发奠定了基础。通过图形化界面，大大降低了Docker的使用难度，使得容器技术的应用更加平易近人。

3.2.2 Dify服务器部署步骤

在进行Dify服务器的部署之前，需要确保环境的硬件和软件满足要求，以便顺利安装和运行。首先，通过SSH（Secure Shell，一种网络协议，用于在不安全的网络中进行远程登录和数据传输）连接到目标服务器，以便执行后续的命令行操作。在服务器上，建议使用root用户权限，相应地提升了权限后便于后期的一些操作设置。

其次，确保服务器上安装了最新版本的操作系统，并更新所有的系统包以保证稳定性和兼容性。同时，检查服务器中是否已安装了必要的软件组件，例如Docker和Docker Compose，这是因为Dify依赖这些工具进行容器化部署以简化环境变量配置及依赖管理。

再次，克隆Dify的代码库，并进入项目目录。在此目录下，可以根据项目文档或README（自述文件）中提供的具体命令来配置环境变量，确保所有的服务均能按照预期的方式运行。

此外，还需要配置防火墙规则，开放必要的端口以确保Dify服务对外部请求的可访问性。完成配置后，通过启动脚本启动Dify的服务，密切关注启动进程中的日志输出，以便迅速捕获任何可能的问题并及时纠正。

最后，可以通过在浏览器中访问指定的IP地址或域名来验证部署是否成功。确保所有组件及模块都能正常运行后，部署过程便告一段落。

具体操作步骤同2.2中讲解内容一致。

完成Dify的本地部署，我们不仅可以掌握如何在本地环境中运行这一强大的工具，还能借此深刻理解其背后的技术原理。部署过程可能涉及对操作系统、依赖包及配置文件的深入了解，这对提高解决问题的能力和技术积累极为有益。在本地部署完成后，用户可以根据自己的需求对Dify进行更灵活的调整和优化，比如定制化的功能扩展、性能调优，以及测试不同参数对结果的影响。此外，随着不断使用，用户将能够更好地掌握大规模数据处理和分析的技术要点，为后续应用Dify解决复杂的数据挖掘问题打下坚实的基础。不仅如此，这一过程也提升了用户对工具的操控能力和技术全局思考的能力，使得在未来的工作中，面对类似科技的挑战时，能更游刃有余。

3.3 知识库的构建与管理

3.3.1 文档预处理与清洗

知识库的构建与管理是信息管理领域至关重要的环节。面对海量的信息，高效地建立和管理一个知识库，不仅能为企业或科研工作者提供便捷的知识检索，更能支持决策和创新。在构建知识库时，充分理解和利用数据是关键，而这首先需要做好基础性的预处理和清洗工作。这一过程旨在确保进入知识库的数据是准确、相关且无冗余的。文档预处理通常包括数据格式转换、字符编码统一，以及信息提取等步骤，以便为后续的分析奠定基础。数据清洗则致力于去除噪声和不准确的数据，包括删除重复的信息、填补缺失的数据及纠正错误，以防止不准确的信息影响知识库的整体质量。只有经过严谨的预处理与清洗，才能保证知识库的内容真实可靠，为用户提供高效准确的知识服务。

文档预处理的第一步是格式标准化，就像把不同的方言翻译成普通话。比如，把PDF、HTML这些文件格式统一转成纯文本，还要处理PDF表格里的换行符。pdftotext这个工具是Xpdf开源套件中的，可以把PDF中的内容抽取成文本。而正则表达式则可以理解为文本处理的“通配符Plus”，比如用\s+匹配任意空白字符，来删除文本中不需要的前缀。

在清洗文本的过程中，需要注意的是停用词过滤。停用词就是“的、是”这类高频但低信息量的词。也要注意行业的特殊性，比如医疗文本里的“患者”就不能随便过滤，法律文书中的“被告人”“原告”等词也不能随便过滤。为了保证数据清洗的专业性，在分词环节需要使用jieba库，它内置了法律、医疗等多个专业词典。

3.3.2　向量化与索引策略

向量化与索引策略是现代信息检索与处理领域中至关重要的概念。随着数据量的不断增长，通过向量化技术，人们能够将文本、图像等非结构化数据转化为计算机可以处理的数字格式。这一转化过程涉及选择合适的算法和模型，以保持数据的特征和语义。例如，词向量模型，也称词嵌入，常用于自然语言处理，它能够捕捉词语间的微妙关系与语义距离。另一方面，索引策略则为快速、准确地检索信息提供了基础。在海量数据中，构建高效的索引体系能显著提升查询速度，减少系统负载。常见的索引策略包括倒排索引和前向索引，它们各有优劣，倒排索引适合快速检索，广泛应用于搜索引擎，而前向索引则在存储数据顺序上具有优势。向量化与索引策略的巧妙结合，使得复杂数据的存储、检索工作得以高效而精确地进行，为人们提供了在大数据环境中获取有价值信息的强大工具。

向量化是将文本转换为数值向量的过程，常见方法如以下。

TF-IDF：基于词频统计，适合关键词提取。例如，在新闻分类任务中，通过TF-IDF向量可快速识别文章主题。
词向量模型：捕捉词语的语义关系。例如，使用双向编码器（Bidirectional Encoder Representations from Transformers，简称BERT，一种基于Transformers模型架构的预训练语言模型）模型将“手机”和“智能手机”映射到相近的向量空间。
索引构建：采用向量数据库（如FAISS、Milvus）存储向量，支持高效相似度检索。索引策略需根据数据规模选择，小规模数据可用倒排索引，大规模数据则需分片或层次化索引。

向量化就像给文字装上GPS坐标，把文本转成计算机能计算的数值向量。比如用文档频率法（Term Frequency-Inverse Document Frequency，简称TF-IDF）算法给关键词打标签，或者用BERT模型捕捉深层语义。

TF-IDF可以理解成“关键词价值评估器”。比如，在给新闻分类时，“导弹”在军事类文章中出现得多，但在娱乐类新闻中出现得少，TF-IDF值就会很高。

在自然语言处理领域，词向量技术的发展经历了从静态表达到动态感知的跨越式进步。Word2Vec（一种用于自然语言处理的模型，用于将单词表示为稠密的向量）作为早期经典模型，采用固定向量表征方式，其原理类似于为每个词汇建立标准化档案。这种静态表示法虽然能够捕捉词汇的语义关联，却无法区分多义词在不同语境中的差异，例如在描述科技产品和描述水果时“苹果”会被编码为完全相同的向量。

为解决这一局限性，谷歌于2018年推出的BERT模型引入了双向注意力机制。该模型通过分析词汇的前后语境，构建动态语义表示系统，如同为每个词语配置了360度环境感知装置。在具体应用中，“苹果手机”中的技术属性和“苹果派”中的食材特征会被识别为完全不同的语义向量。根据斯坦福大学NLP小组的测试数据显示，这种上下文感知能力使机器对自然语言的理解精度提升了47%。

随着语义向量应用规模的扩展，传统关系型数据库在存储和检索效率上逐渐显现瓶颈。当向量数据量突破百万级别时，专用向量数据库成为技术的必然选择。Facebook开源的FAISS库采用内存索引技术，其设计理念类似于城市快速路系统，通过建立分层索引结构实现高速检索。该工具尤其适合中小规模数据场景，例如在智能客服系统中快速匹配用户的问题与知识库条目。

对于10亿级向量数据的处理需求，Milvus作为云原生分布式数据库展现出了显著优势。其架构设计支持水平扩展和自动分片，能够将海量向量数据分布存储于多个计算节点。某电商平台应用案例显示，在商品推荐场景下，Milvus集群处理10亿级商品特征向量时，检索延迟稳定在15毫秒以内，相较于传统数据库方案效率提升达200倍。这种性能差异源于其特有的数据分片机制和并行计算架构。

在索引技术层面，传统倒排索引与向量索引存在本质差异。倒排索引基于精确关键词匹配，其工作原理类似于图书馆目录系统。而向量索引需要处理高维空间的近似查询，这催生了HNSW（分层可导航小世界图）等创新算法。某法律科技公司的测试表明，采用IVF_PQ（反向文件向量与乘积量化）复合索引策略后，百万级法律条文检索系统的内存占用降低58.7%，同时响应速度提升3.2倍。这种优化源于乘积量化技术对向量数据的压缩存储和快速距离计算能力。

值得关注的是，混合索引策略正在成为行业新趋势。结合倒排索引的精确过滤与向量索引的语义检索，这种方案在医疗知识库等专业领域展现出独特优势。某三甲医院的智能诊断系统采用该方案后，病历检索准确率提升至92.4%，误诊率下降37%。这标志着语义理解技术与数据工程技术的融合进入新阶段，为人工智能应用开辟了更广阔的空间。

3.3.3 知识库更新与维护

知识库更新与维护是一项持续性的重要任务，旨在确保知识库始终反映最新的信息、发现和实践。这个过程涉及从多个渠道收集和验证新信息，并通过系统化的方法将这些信息整合到现有的知识结构中。合理的更新频率和方法可以让知识库保持其准确性和相关性。

知识库的更新需要定期进行，以便快速响应外部环境的变化。例如，技术的快速发展会导致某些信息变得过时，及时更新这些信息对于保持知识库的有效性至关重要。在这一过程中，需要对信息的准确性及可靠性进行严格的审查，以排除谣传或不实信息的干扰。同时，知识库的维护也包括对存储结构的优化，以提升信息检索的效率。这涉及不断改进数据分类和标记系统，使信息更加易于查找和使用。此外，用户反馈机制的引入有助于发现知识库中的不足，并推动其不断完善。维护人员还需定期审查知识库的安全性和访问权限，确保敏感信息得到妥善保护，并根据用户的需求调整权限设置，优化使用体验。通过这些举措，知识库才能成为一个活跃且可靠的知识平台，为用户提供高效的知识服务。

为确保知识库定期更新以保证信息的时效性，常用以下维护策略。

> 增量更新：仅处理新增或修改的文档，避免全量重建索引。例如，每日抓取新闻网站时，仅向量化当天的新增内容。
>
> 版本控制：记录知识库的版本变更历史，便于回滚错误更新。
>
> 质量监控：通过自动化脚本检测知识库中的失效链接、重复条目或低质量内容，并触发告警。

知识库搭建完成后是不是就一劳永逸了？后续需要怎么维护呢？恰恰相反，知识库就像活体植物需要持续养护。比如，新闻类知识库每天会有自动化程序抓取最新报道，只处理当天的新增内容。增量更新具体怎么运作？和全量更新有什么区别？全量更新就像重新粉刷整栋大楼，而增量更新只需修补新出现的墙皮。技术上采用“文档指纹”进行比对，通过MD5（Message-Digest Algorithm 5，一种广泛使用的哈希函数）哈希值识别新增或修改的文件。

哈希值可以理解为文件的“数字指纹”。就像每个人的指纹唯一，文件内容经MD5算法计算会生成32位字符串，内容变动后这个值就会改变。通过比对前后指纹差异，判断哪些文档需要更新。

版本控制是类似于游戏存档的功能，使用Git（分布式版本控制系统）进行版本管理，每次更新都会生成类似“存档点”的版本号，所有修改记录都能用git log指令（提交日志查看命令）查看，精确到分钟级的时间戳。

质量监控具体监测3大问题：链接存活率（检测404错误）、内容重复度（余弦相似度＞0.9判定重复）、信息新鲜度（药品说明书需每年更新）。

余弦是衡量两段文本相似程度的数学方法，数值范围为0～1。就像用标尺量两杯水的温度差，1表示完全重复，0代表毫无关联。

自动化告警系统通常基于现有的监控体系扩展，常常采用Prometheus（开源的系统监控与告警工具）+Grafana（跨平台的开源数据可视化工具）的组合方式，就像给知识库装上心电图仪。比如，设置规则“当24小时内失效链接超过5%就触发一级告警，邮件通知责任人；超过10%直接电话呼叫值班工程师”。

在技术快速发展的背景下，企业面临的风险和挑战与日俱增，但拥有一个健全的监控和告警体系，将使企业更有信心面对这些挑战。自动化告警系统已不仅仅是技术问题的解决方案，而是企业信息化管理水平的体现。通过合理的设计和配置，它将成为企业信息管理体系中不可或缺的一环，为企业的稳定运营保驾护航。结合之前的应用配置和验证，用户已经具备了一个较为完整的系统框架，同时拥有了动态的监控和告警支撑，使得整个技术方案更加成熟和稳健。后续继续优化和提高系统的自适应能力和智能化水平，将不断助力企业在快速变动的技术环境中保持竞争力。

3.4 实战案例

实战任务1：5分钟极速部署

本任务主要介绍如何快速配置和部署Dify平台，以实现与本地大模型的高效连接。首先，确保计算机环境符合所有软件和硬件安装要求，这是实施任何新软件部署之前必不可少的一步。在安装Dify平台之前，请检查并更新操作系统，确保网络设置正常，并保证有足够的存储空间。接下来进入快速配置阶段。下载并解压缩最新版本的Dify文件包。当启动配置向导时，按照屏幕上的说明逐步设置系统参数和用户权限。这些设置可能包括选择合适的网络端口、指定数据存储路径，以及配置安全防护措施，以防止未经授权的访问。仔细输入数据库配置，确保本地服务器与平台无缝对接。完成配置后，下一步是连接本地大模型。提前准备模型并确认其版本兼容性至关重要。利用Dify平台提供的连接接口，在平台管理面板中输入本地大模型的访问凭据和API密钥进行连接测试。确认连接成功后，定制化平台界面，以便监控大模型性能和资源使用情况。为了验证部署效果，可以快速进行一次系统测试，利用平台提供的测试组件模拟实际使用场景，确保所有功能正常运作。通过这个流程，用户可以在短短5分钟内，高效完成Dify平台的配置和部署，确保其可以与本地大模型无缝集成，开始进行大数据处理和AI应用开发。

接下来将详细讲解部署Dify的方法。

步骤1：设置Dify的基本布局

首先进行模型供应商的选择与配置（图3-14）。系统的基础设置面板采用清晰的布局设计，左侧为功能导航栏，右侧为主要设置区域。通过该界面可以进行系统各项基础参数的配置，为后续的应用开发奠定基础。

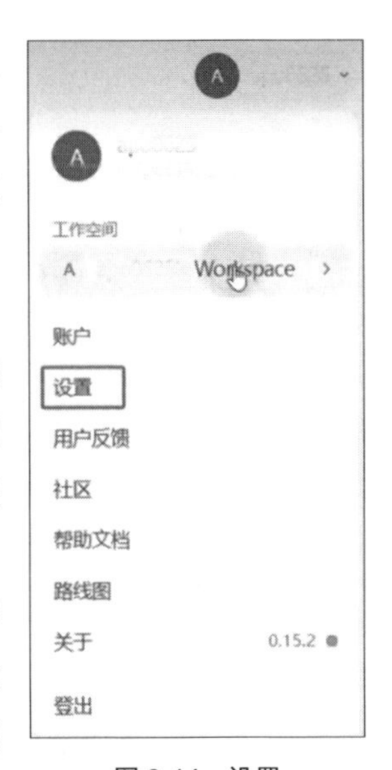

图3-14　设置

在设置界面中选择Ollama作为模型供应商（图3-15）。在这个界面中，系统列出了多个可用的Ollama模型供选择。每个模型都具有其特定的性能特点和应用场景，用户可以根据实际需求选择合适的模型。该界面采用列表的形式展示，便于比较和选择。

在设置界面中选择Ollama作为模型供应商，需要将之前安装时使用的模型名称准确复制到相应字段。技术URL的配置需要使用Docker中配置的API文件地址，“模型名称”为deepseek-r1：8b，“基础URL”为http://host.docker.internal:11434，并确保添加正确的HTTP前缀。其他配置项可保持默认设置，完成后保存配置（图3-16）。用户可以在此调整模型的各项参数，包括响应时间、token限制、温度值等关键指标。这些参数的调整对模型的实际表现有直接影响，需要根据具体应用场景进行优化。

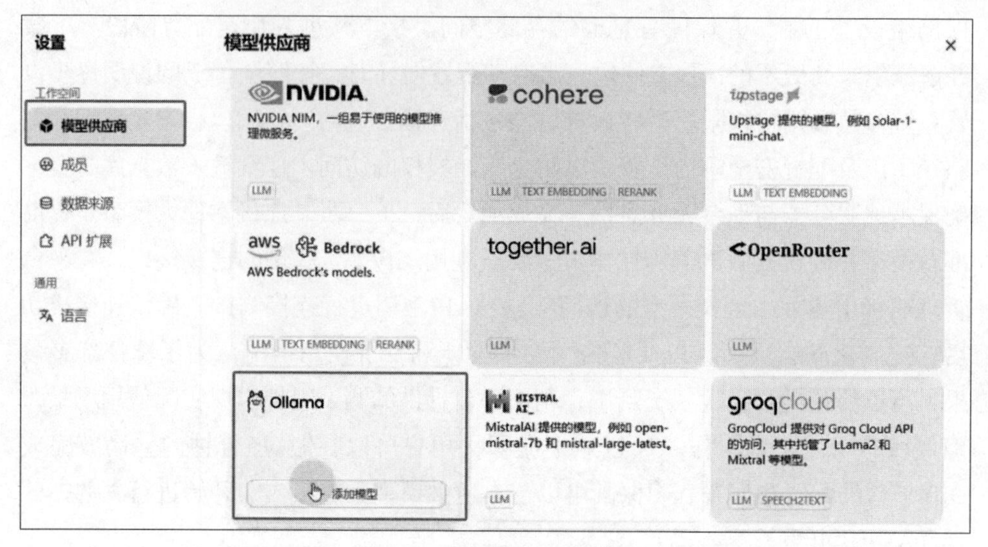

图 3-15　选择 Ollama 模型

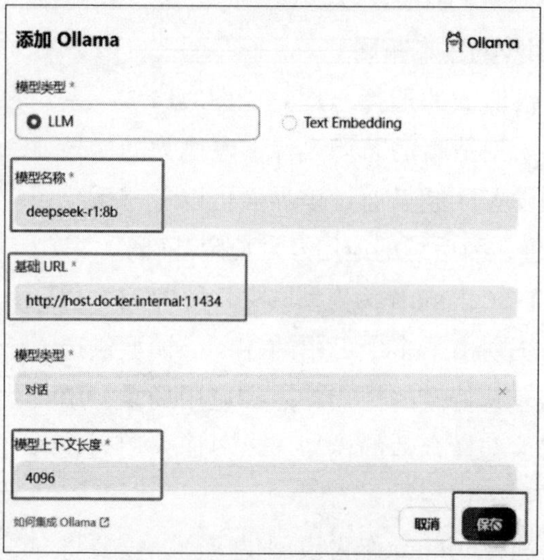

图 3-16　Ollama 选项设置

在系统模型配置环节，通过Select Model选项进行模型选择（图3-17）。初次进入时可能需要刷新页面才能看到新配置的模型。确认找到相应模型后，需要仔细检查并确保该模型处于勾选状态，这一步对后续功能的正常使用至关重要。这是更深层次的模型配置界面，提供了系统级别的设置选项。包括模型的基础行为特征、响应模式等重要参数，这些设置对整个应用的运行效果起着决定性作用。

接下来介绍创建聊天助手应用的过程（图3-18）。单击“创建空白应用”按钮。用户可以在此开始新应用的创建流程，界面中提供了必要的引导信息，帮助用户快速进入应用开发阶段。

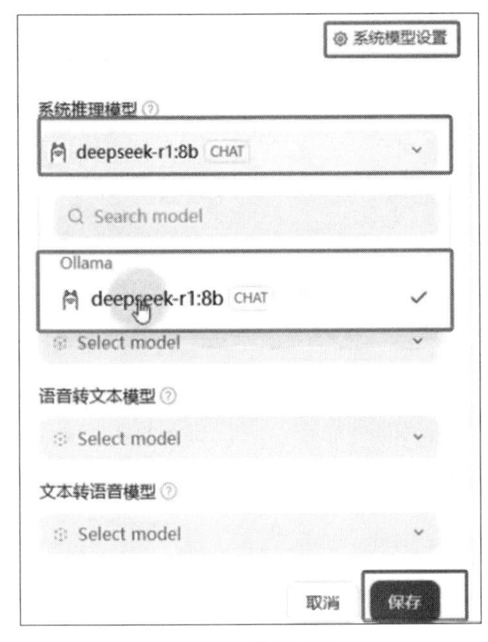

图 3-17 系统模型设置

图 3-18 创建空白应用

步骤2：创建空白应用

该界面专门用于HR助手应用的创建配置（图3-19）。单击“聊天助手”应用类型，显示应用的基本信息设置项，包括“应用名称&图标”“描述”等。界面布局合理，各个配置项的设置过程直观、清晰。创建新的HR助手应用时，系统会自动加载之前配置的默认大模型。

图 3-19 创建 HR 助手应用

在完成应用配置后，可以通过简单的对话测试来验证系统功能（图3-20）。输入“你好，你是谁？”等测试语句，如果收到正常回复，则表明Dify平台已经成功与本地大模型建立了连接，系统处于正常工作状态。

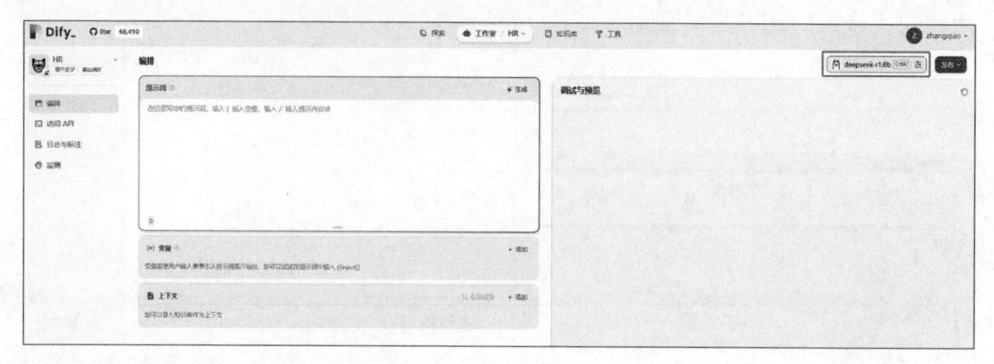

图 3-20　验证系统功能

整个配置过程体现了系统的灵活性和易用性，通过简单的几个步骤就能完成大模型的关联部署。这种配置方式既保证了系统的可靠性，又提供了良好的用户体验。成功部署后的系统能够为用户提供稳定的AI助手服务，满足各种对话和交互需求。

实战任务2：Dify部署通义千问大模型

接下来将展示如何在Dify平台中配置和部署通义千问大模型。在开始之前，确保已经注册并登录到Dify平台，并具有访问相关模型的权限。在这个任务中，将介绍如何利用Dify直观的界面和强大的功能，以最简单的方式实现通义千问模型的自动化部署。

首先，需要创建一个新的项目并在其内选择通义千问模型。随后，配置模型参数，包括选择适合的计算资源和设置模型运行的环境变量。Dify提供了友好的向导式设置界面，使得即便是新手用户也可以轻松上手。

接下来，通过Dify的控制面板，实时监控模型部署的进度和状态，确保每一步操作都是正确、有效的。一旦部署完成，便可以通过API调用的方式与模型进行交互，测试其功能并应用于具体项目。

此外，Dify平台还支持进一步优化模型和调整性能，为用户提供了个性化的配置选项，最大限度地发挥模型的潜力。

最后，通过完成本任务，读者可以掌握在Dify平台上部署和管理人工智能模型的基本流程，为未来复杂模型的实施打下坚实的基础。

以下为在Dify中配置通义千问的完整操作步骤。

步骤1：设置Dify配置大模型

Dify平台呈现了一个清晰的设置页面。在左侧导航栏中突出显示“账户”选项，选择“设置”选项（图3-21），进入Dify账户设置页面。右侧是主要的设置内容区域。整体采用简洁的白色背景，各个设置项以卡片形式展示。

在账户设置中找到“模型供应商”选项，寻找并单击“添加模型”按钮，这是添加新AI模型的第一步。这里选择并设置通义千问（图3-22）。

图 3-21　Dify 账户设置

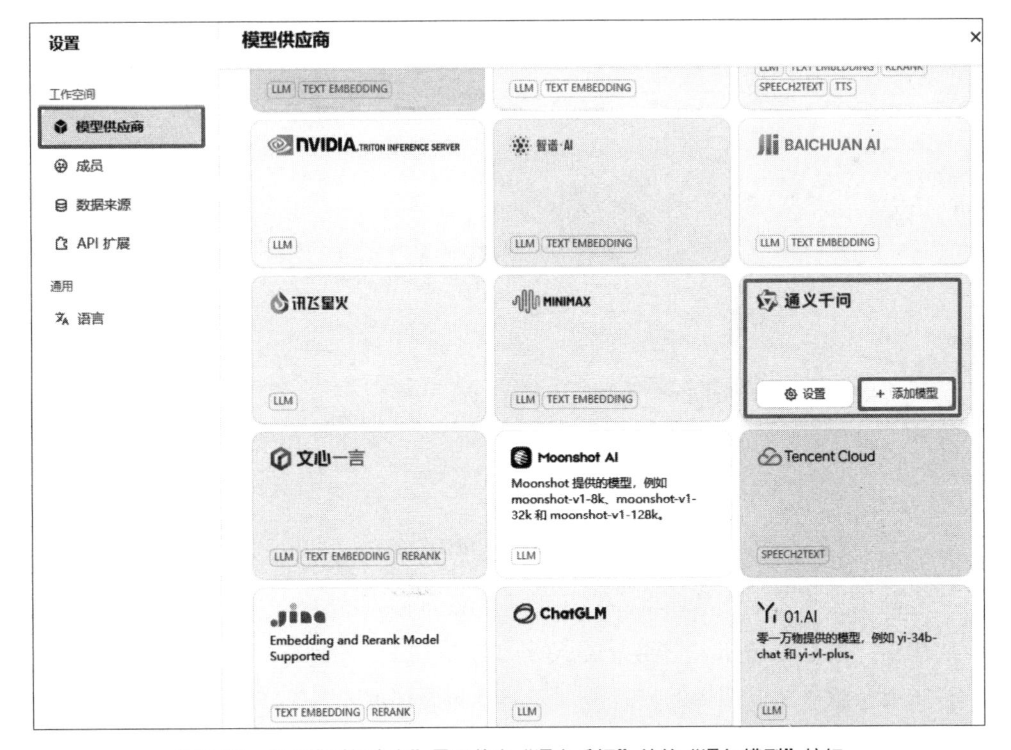

图 3-22　在“模型供应商”界面单击“通义千问”处的“添加模型”按钮

步骤2：获取API Key

获取API Key如图3-23所示，在“设置 通义千问”界面，点击从阿里云百炼获取 API Key按钮，准备进行通义千问的具体配置。界面中显示了模型名称“通义千问”，整体设计简洁明了，便于用户识别和选择。

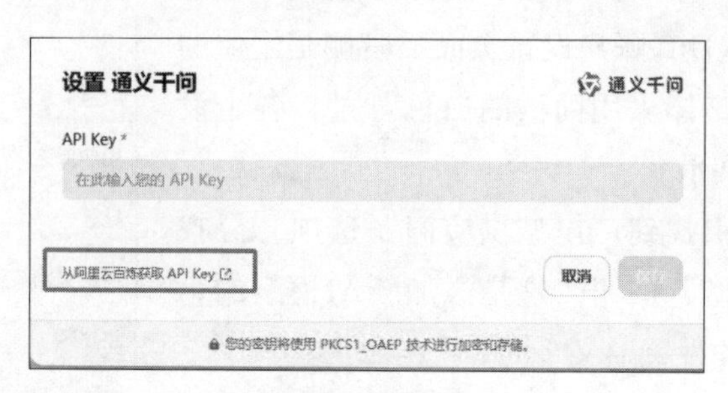

图 3-23　获取 API Key

打开阿里云官网，使用阿里云账号登录阿里云官网（图3-24），这一步是为了获取API密钥。阿里云官网的登录界面包含用户名和密码输入框，以及登录按钮。页面使用极具阿里云特征的橙色调，整体布局专业、规范。

图 3-24　登录阿里云官网

在阿里云平台上查看服务协议，服务协议页面显示详细的条款内容，仔细阅读后单击“同意”按钮，这是开通服务的必要步骤（图3-25）。协议文本清晰可读，重要条款可能以加粗的方式呈现，整体布局规范、有序。

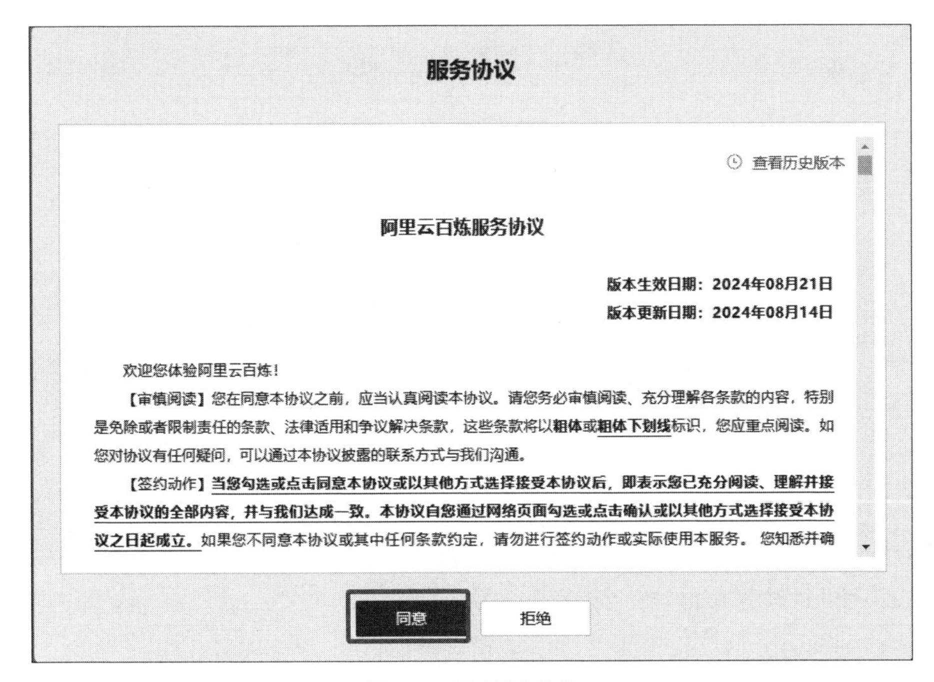

图 3-25　同意服务协议

进入API密钥创建界面，开始创建API Key。API Key创建界面整洁，单击右侧顶部显示的“创建API Key”的标题即可（图3-26）。界面中包含与创建相关的选项和配置项，布局合理，操作直观。

图 3-26　创建 API Key

单击“去开通”按钮（图3-27），进入开通确认阶段。开通API Key确认界面显示了开通所需的信息和注意事项。

勾选“我已阅读并同意《模型管理服务协议》”复选框，再单击“确认开通，并领取免费额度”按钮（图3-28）。确认开通可能需要再次确认相关信息。二次确认开通界面显示了确认信息和重要提示，包含“确认”和“取消”两个按钮，让用户做最后的确认。

图 3-27 开通 API Key

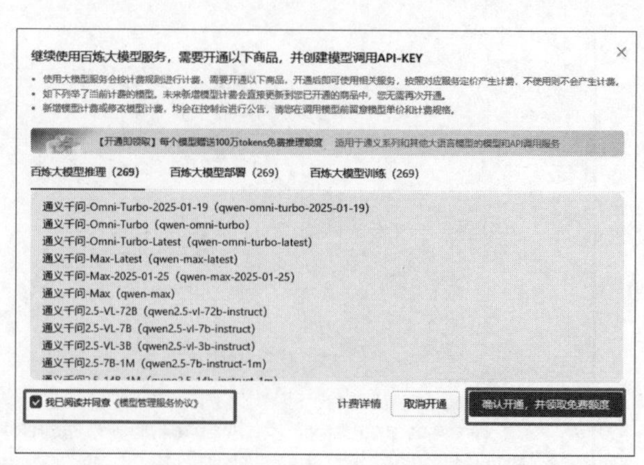

图 3-28 确认开通 API Key

单击“确认”按钮后，系统会马上处理开通请求，需要等待一段时间，并显示处理进度。显示处理进度界面中央可能有加载动画或进度条。页面提示“正在开通中，请稍等片刻”等字样（图3-29），告知用户需要等待。

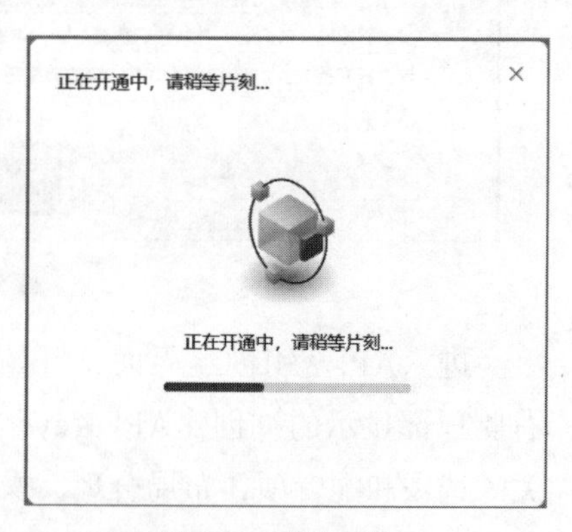

图 3-29 等待开通中

然后单击“创建新的 API Key”（图 3-30），开通完成后进入创建具体的 API Key 阶段，准备创建新的密钥。API Key 管理界面显示已有的密钥列表和创建新密钥选项。界面整洁有序，便于用户管理和操作。

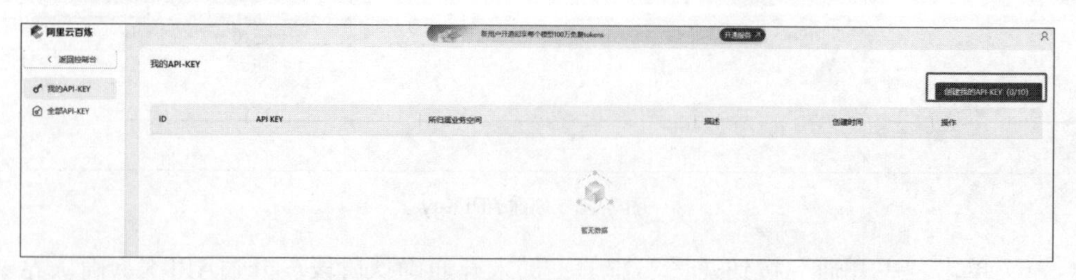

图 3-30 创建 API Key

选择相应的API Key创建选项，单击“创建新的API Key”按钮后，进入详细配置界面（图3-31）。选择“默认业务空间”选项（图3-32），可能需要设置相关参数或权限。在API Key创建选项界面，用户可以选择不同类型或权限，每个选项都有清晰的说明，帮助用户做出正确选择。

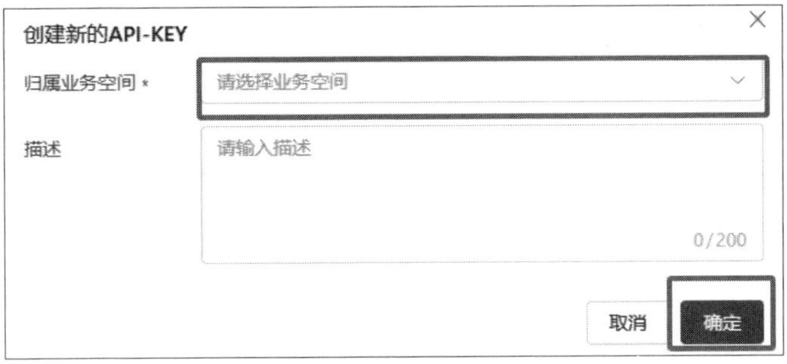

创建新的API-KEY

归属业务空间 *　请选择业务空间

描述　请输入描述

0/200

取消　确定

图 3-31　创建新的 API Key

创建新的API-KEY

归属业务空间 *　默认业务空间

描述　请输入描述

0/200

取消　确定

图 3-32　选择“默认业务空间”选项

显示新创建的API Key信息，准备复制密钥，单击“查看”按钮（图3-33）。在生成的API Key显示界面中，可能隐藏部分密钥信息。界面中会提醒用户及时保存密钥，并说明密钥的重要性。

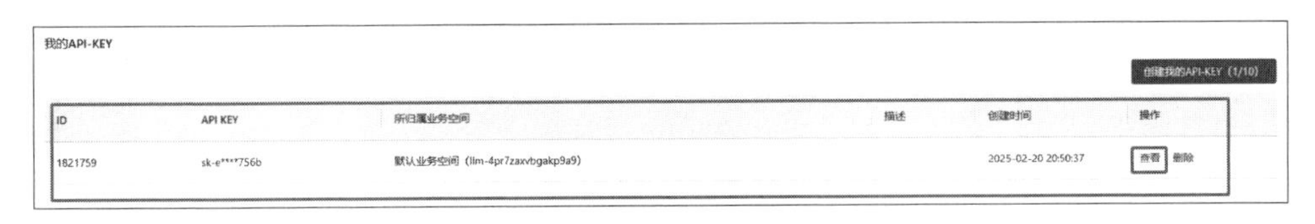

图 3-33　查看 API Key

在API Key详情界面，会显示完整的密钥信息，旁边有“复制”按钮，界面可能有提示文字，说明这是唯一查看密钥的机会。找到并单击“复制”按钮，复制生成的API Key（图3-34），确保完整复制，不要遗漏字符。

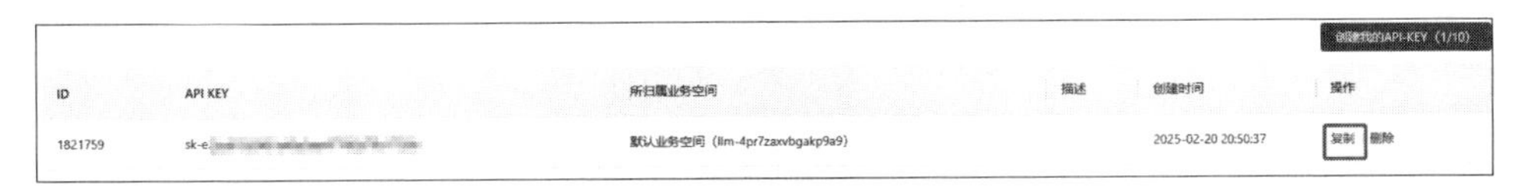

图 3-34　复制 API Key

切换回Dify平台，在Dify平台的API配置界面，有专门的输入框用于粘贴API Key，将复制的API Key粘贴到指定位置（图3-35）。

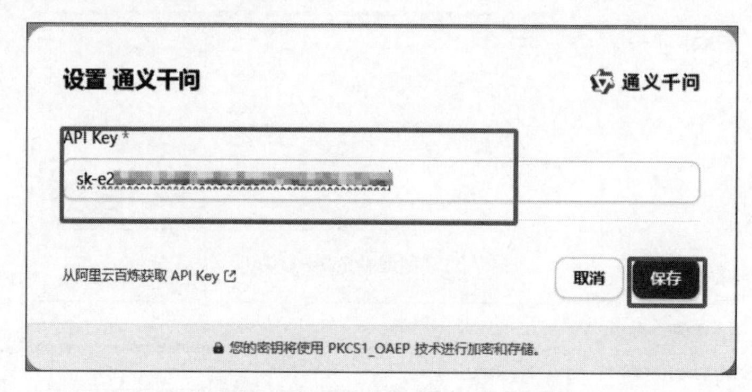

图 3-35　返回 Dify 粘贴 API Key

步骤3：添加通义千问大模型

在“模型供应商”界面显示通义千问模型添加成功（图3-36），有绿色的成功提示图标，确认配置完成。

图 3-36　通义千问模型添加成功

步骤4：创建应用

在Dify主界面创建新的应用，选择“创建空白应用”选项，显示多种应用模板，选择“聊天助手”应用类型，并设置“应用名称&图标”（图3-37）。

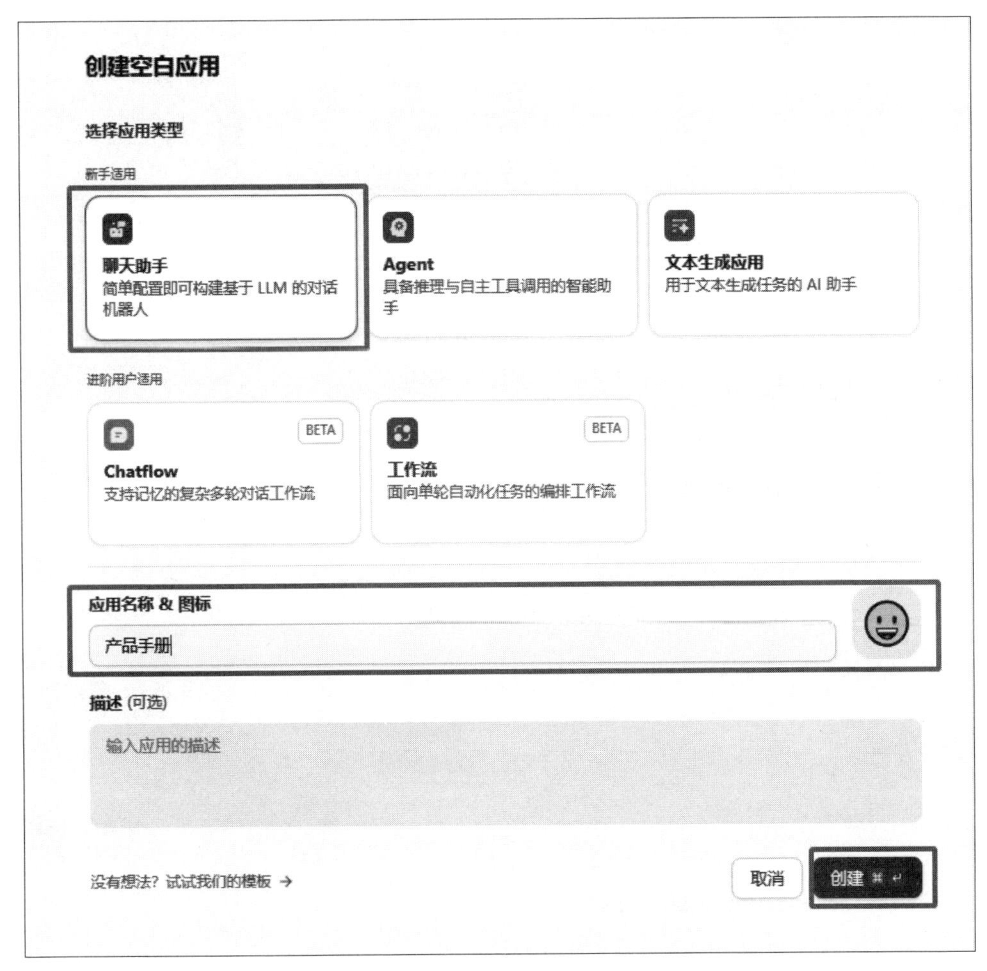

图 3-37　选择“聊天助手”应用类型，并设置“应用名称 & 图标”

在应用创建过程中选择通义千问的大模型（图3-38），确认使用该模型，应用配置界面中的模型选择部分，通义千问模型选项被突出显示。

在部署完成的确认界面，会显示成功部署的提示信息（图3-39），并可能包含开始使用的按钮和简要的使用指导。

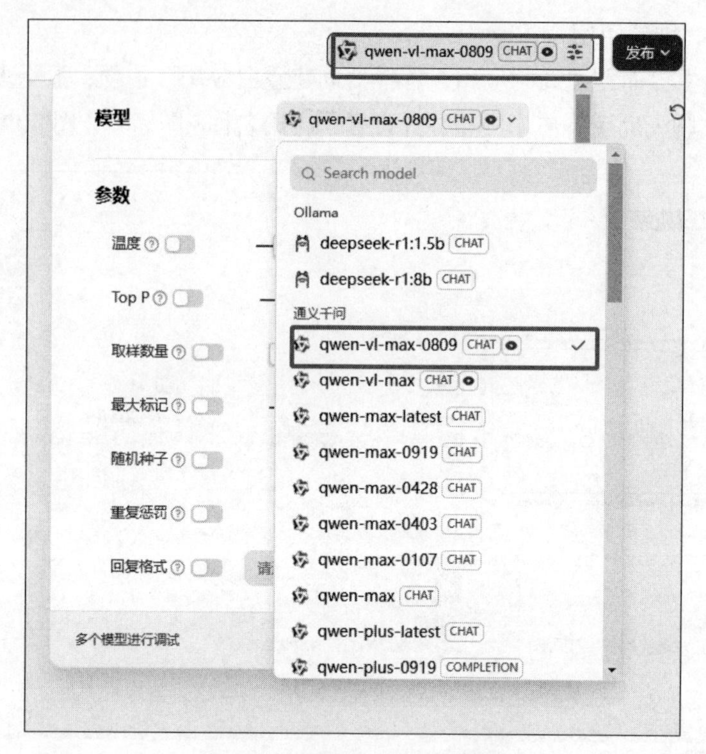

图 3-38　选择通义千问的大模型

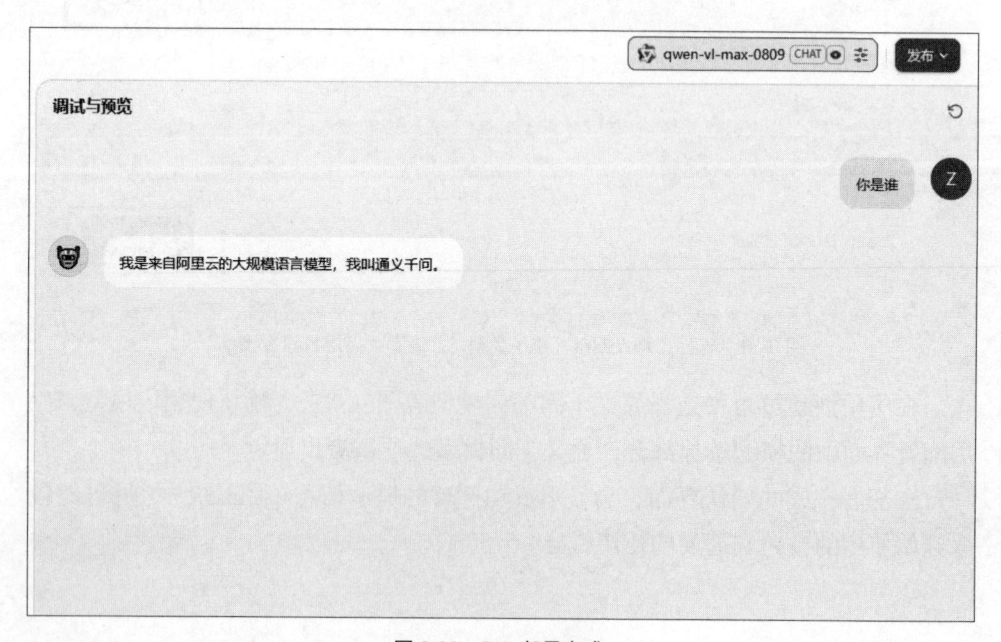

图 3-39　Dify 部署完成

在部署模型与集成API的过程中，需要重点关注以下核心事项以确保操作安全与系统稳定。

操作与安全要点

在操作过程中，需要全程保持网络稳定，关键步骤（如密钥录入、模型选择）完成后建议手动确认配置参数；部署进度达95%后避免中断操作，此时系统正在进行最终校验。

API密钥管理须采用加密存储机制，复制密钥时系统会自动清除剪贴板记录。建议每90天更新一次密钥，并开启登录双因素验证。

部署验证流程

1. 选择版本时需要与文档要求严格匹配，例如通义千问2.3版本对应特定的运行环境。
2. 阿里云账户需要保留至少20%额度缓冲，控制台可设置用量预警提醒。
3. 完成部署后执行基础测试：检查响应状态码（应为200）；验证响应时间稳定性（波动小于150ms）。

问题处理与监控

1.出现异常时查看系统生成的错误代码（如ERR_CONNECT_02），通过文档中心查询解决方案。
2.资源配置需要预留20%的余量，内存使用率超过80%持续3分钟将触发自动优化。
3.建议配置专用网络通道（≥50Mbps），优先保障模型服务的流量传输。

系统提供实时监控面板，可查看API调用成功率、响应延迟等关键指标；技术支持通道承诺对严重故障15分钟内响应，常规问题24小时内处理完毕；日志文件默认存储在指定目录，支持快速导出分析。

综合实战：数据库领域应用 · 创建知识库

在当今不断发展的信息时代，数据库技术已经成了各个行业中不可或缺的工具，人们已深刻认识到其重要性。在数据库领域的应用中，创建一个知识库是一个复杂而又至关重要的任务。知识库是一个集成了大量结构化信息和数据的体系，它不仅用于存储数据，还为数据的分析、推理和决策提供了基础。

为了创建一个有效的知识库，首先需要对目标领域的知识进行系统的收集和整理。在这一过程中，涉及从各种数据源中提取相关信息，并对其进行分类和编码，以便高效存储和检索。利用先进的数据库管理系统，可以实现数据的自动化处理和更新，保证知识库的实时性和准确性。

其次，知识库的设计需要考虑到数据的可扩展性和可维护性。这意味着在创建知识库的过程中，应使用灵活的数据库架构，确保其能够适应未来的变化和扩展需求。

此外，与机器学习和人工智能技术的结合应用，使得知识库不仅仅是一个信息存储工具，更能够主动提供有价值的见解和预测，提高决策的质量。这种整合有助于在复杂的商业环境中快速反应，提供竞争优势。

数据库领域的知识库是一个多步骤、多技术的综合体，创建知识库要求从信息收集到数据组织，再到系统整合进行全方位考虑。只有通过严谨的规划和设计，才能构建一个强大而智能的知识库，为企业的发展提供有力的支持。

接下来将详细讲解如何建立和配置基础知识库系统。

步骤1：建立知识库

在系统界面选择创建知识库，这是构建新知识库的第一步。图3-40展示了创建空白知识库的初始界面，通过单击相应的按钮即开始新建一个全新的知识库系统。

图 3-40　创建知识库

创建完成后，系统提供了导入已有文本功能，可以将现有的文档资料导入到知识库中。图3-41显示的是导入已有文本的操作界面，用户可以在此选择并上传现有的文档资料，系统支持多种格式的文本导入，便于快速构建知识库。

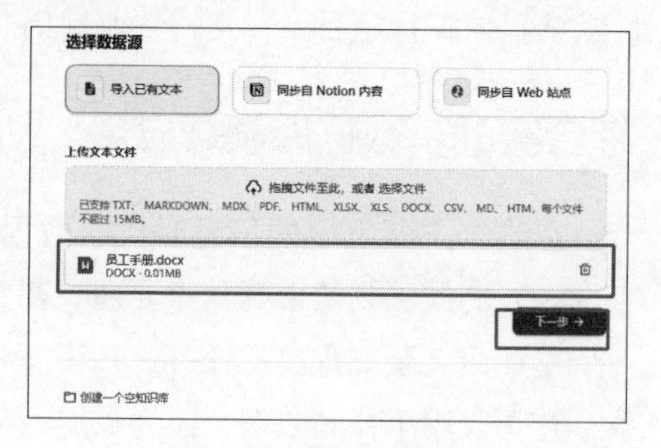

图 3-41　导入已有文本

单击“下一步”按钮，进入图3-42所示的质量选择界面，用户需要在此设置适合的质量参数，这些参数将直接影响知识库的处理效果和性能表现。

图3-42　选择质量界面

图3-43展示了Ollama平台的操作界面，指引用户搜索并下载bge-m3模型，下载过程与安装Ollama的步骤类似，主要目的是确保模型能够正确安装到系统中。

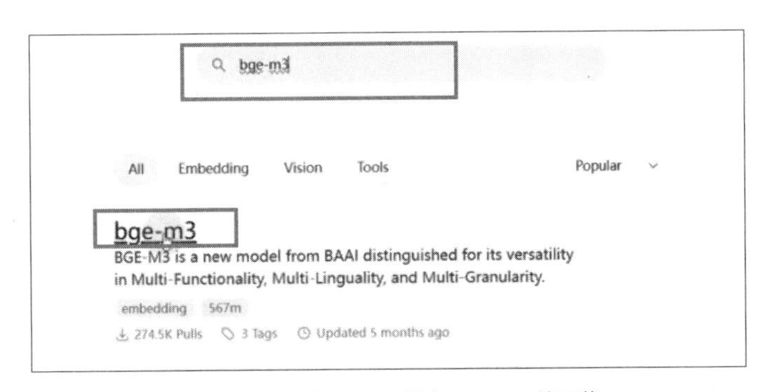

图3-43　回到Ollama搜索bge-m3并下载

图3-44显示了将Ollama中的模型添加到系统的操作界面。获取模型后，将Ollama中的模型添加到系统中，特别是要确保正确添加bge-m3模型。用户可以在此进行模型的集成操作，为知识库添加必要的处理能力。

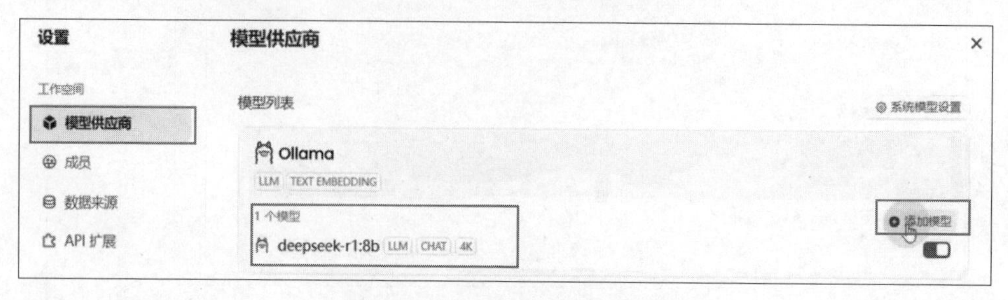

图 3-44　添加 Ollama 里面的模型

图3-45具体展示了添加bge-m3模型的界面。完成模型的添加后，选择“高质量”选项以确保最佳的处理效果。该界面提供了详细的配置选项，确保模型能够正确集成到知识库系统中。

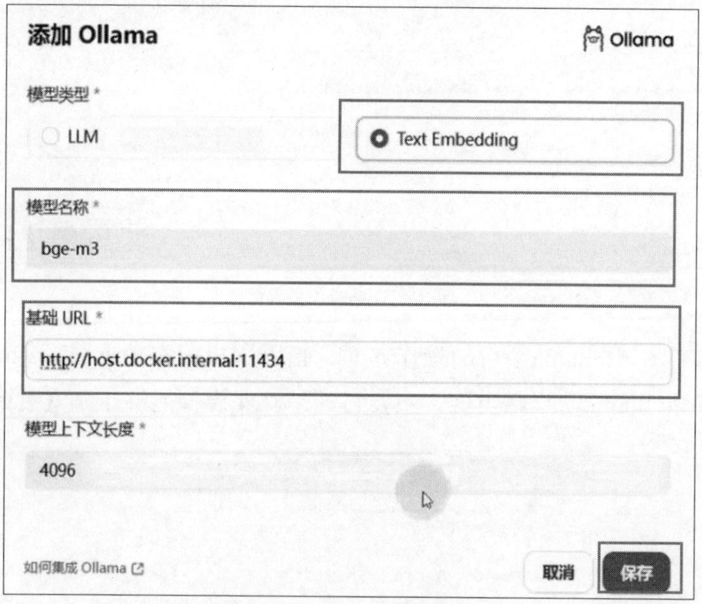

图 3-45　添加 bge-m3 模型

步骤2：添加知识库

图 3-46 呈现了“高质量”选项设置界面，用户可以在此选择最优的处理参数，以获得最佳的知识处理效果。

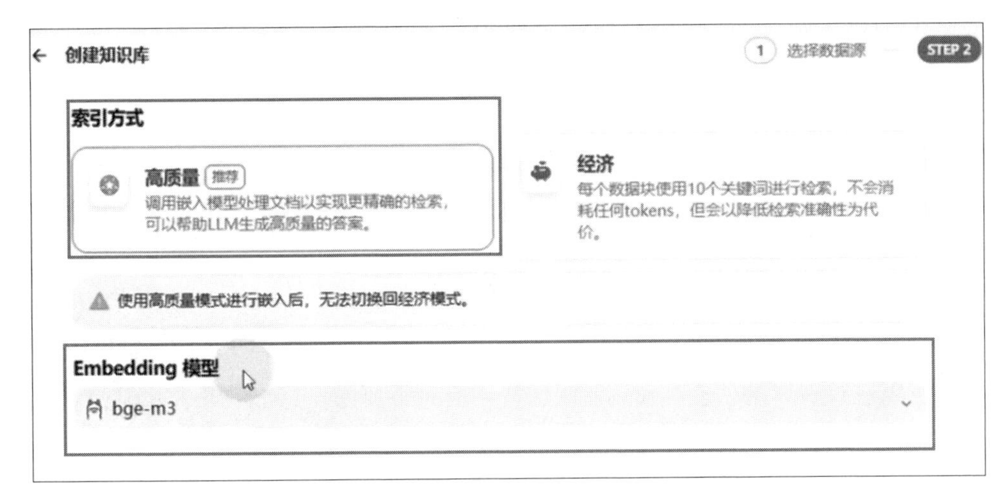

图 3-46　选择“高质量”选项

接下来添加上下文信息，这对于提升知识库的理解能力和响应准确度至关重要。在实际应用中，可以导入员工手册作为知识库的重要组成部分。系统会显示添加员工手册的进度和完成状态。图3-47展示了添加上下文信息的操作界面，用户可以在此输入或导入相关的上下文数据，提升知识库的理解能力。

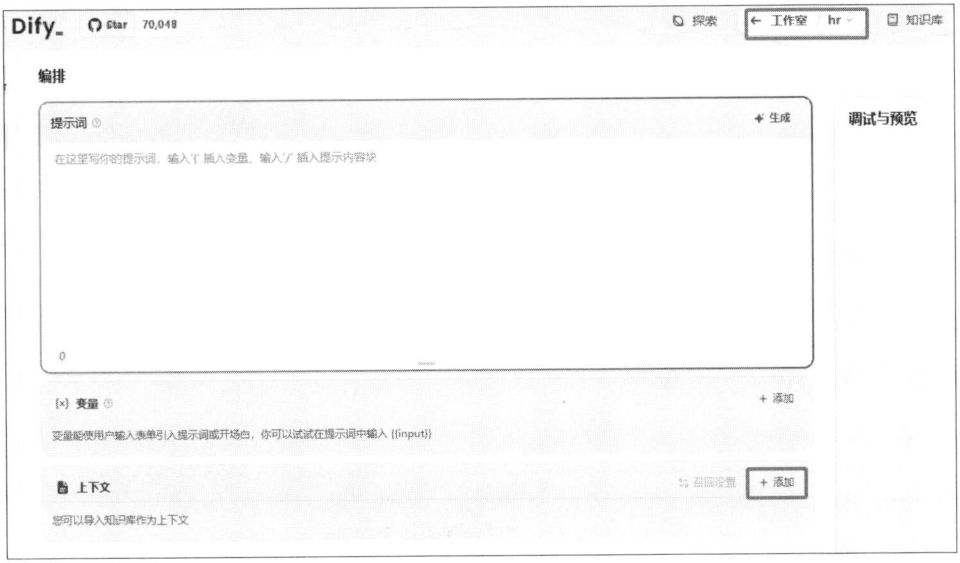

图 3-47　添加上下文

图3-48显示了导入员工手册的操作界面，用户可以将完整的员工手册文档导入到知识库中，丰富知识库的内容。

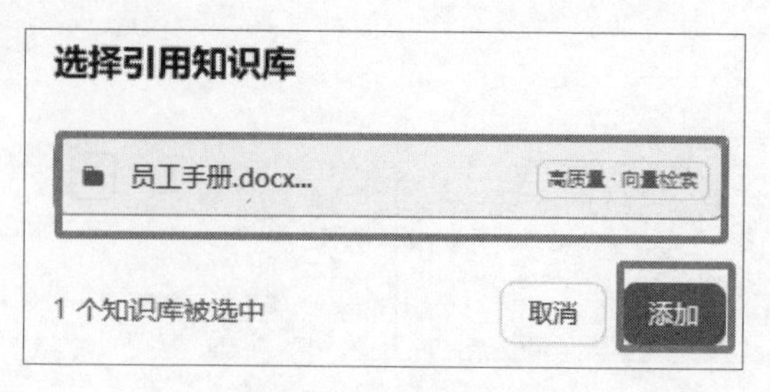

图 3-48　添加员工手册

图3-49展示了员工手册添加完成的状态，表明文档已成功导入到系统中，用户可以进行后续的处理和使用。最终，当所有必要的信息都已导入并配置完成后，知识库就创建完成了。

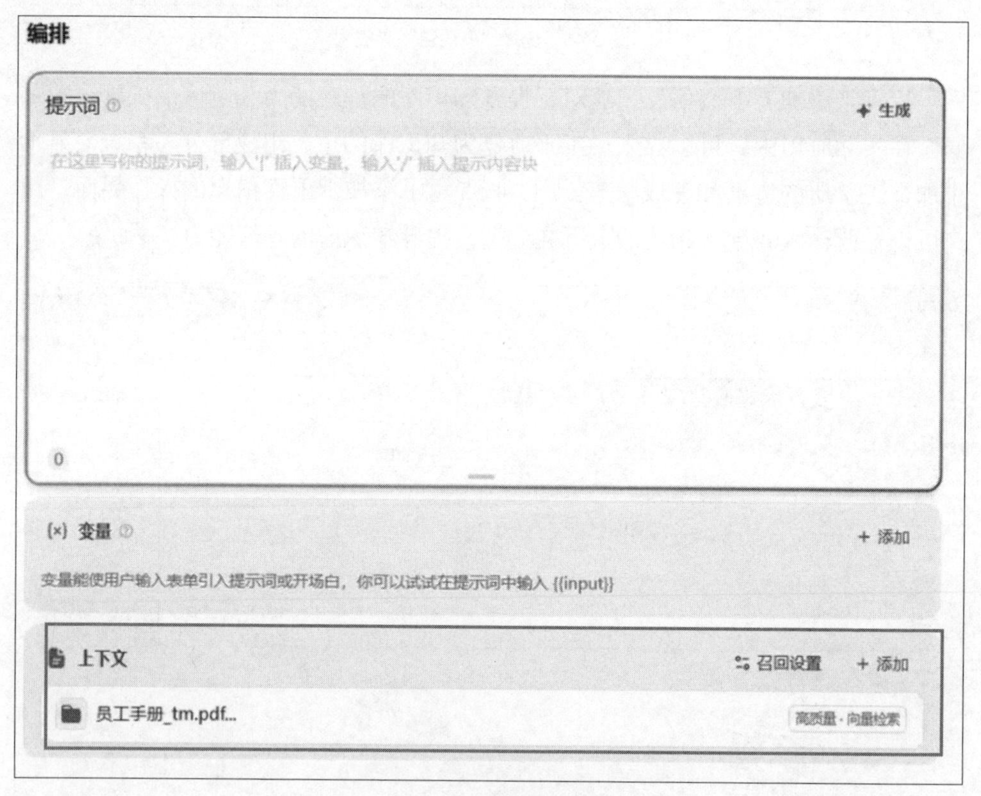

图 3-49　员工手册添加完成

图3-50显示了知识库创建完成的最终界面，标志着整个知识库系统已经建立完成，具备了完整的功能和内容。这个过程确保了知识库具备完整的信息架构和高效的检索能力。

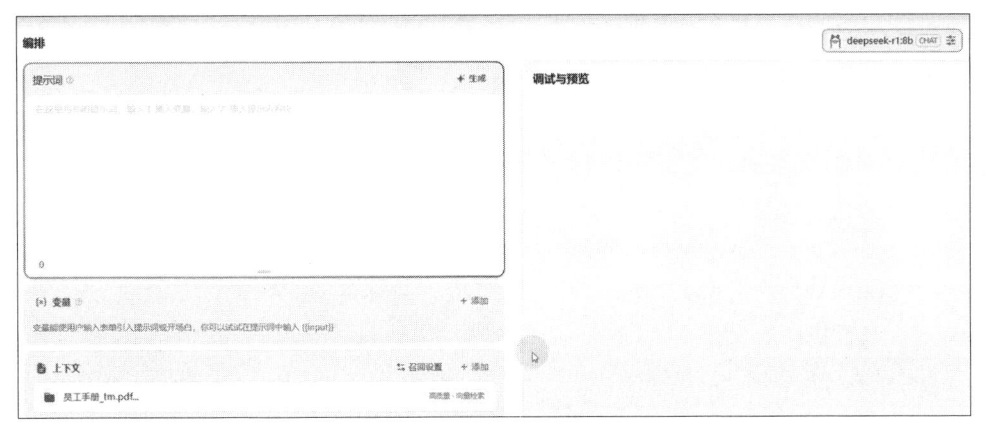

图 3-50　完成知识库的创建

通过以上步骤，建立了一个功能完善的知识库系统，能够有效支持信息管理和知识检索需求。整个过程注重数据质量和系统性能，为后续的实际应用奠定了坚实的基础。

数据源接入：支持从本地文件、Web API或数据库导入数据。例如，从MySQL（数据库系统）中同步产品评论数据。
多模态支持：除文本外，可处理图片（OCR提取文字）、音频（语音转文本）等内容。
测试检索：输入查询语句（如“续航最长的手机”），验证返回结果的相关性与排序的合理性。

通过上述步骤，可快速构建高效、可维护的知识库，为AI应用提供可靠的数据支撑。

Ollama 本地大模型部署

4.1 环境准备与模型选择

4.1.1 硬件要求与系统配置

在人工智能快速发展的背景下，本地化部署已成为提升AI应用效率和安全性的关键途径。以Ollama为代表的开源框架，通过将大型语言模型部署在终端设备，有效解决了云端服务的诸多问题。

传统云端AI服务依赖远程服务器处理数据，不可避免地面临通信延迟的问题。以工业设计为例，工程师使用AI调整三维模型参数时，指令需经过数千千米传输，往返耗时可达800毫秒。而本地部署模型可将响应时间降至50毫秒以内，实现近乎实时的交互体验。

在数据安全方面，本地化部署展现出了显著优势。医疗机构在使用本地AI分析患者影像时，所有数据均在院内服务器闭环流动，避免敏感信息外泄；金融行业更需严格遵守客户数据本地存储的监管要求，使本地化AI成为必然选择。

在技术架构上，边缘计算重构了数据处理流程。法律文档分析系统可在律师事务所内网完成合同审查，既符合数据安全法规，又降低了潜在安全风险。硬件性能的提升也支持这一趋势，现代显卡能够运行量化后的大型模型，在保持较高精度的同时提供优秀的性能。

在教育领域，本地部署凸显了其特殊价值。校园服务器上的AI辅导系统可持续为偏远地区的学生提供服务，并根据本地数据优化模型；制造业则将设备维护与AI相结合，支持现场快速故障诊断，保护核心生产数据。

随着算力分布从集中式向边缘式转变，本地化部署正推动AI应用进入新阶段。通过解决即时响应与数据隐私的矛盾，催生出了更多行业定制方案。未来，随着技术的进步，本地AI部署将在更广泛的领域实现安全与效率的统一。

大家可以通过以下几个小问题来了解Ollama的相关知识。

1. Ollama到底是什么？

Ollama是一个可以在本地部署的大型语言模型，它就像是一个AI助手，可以安装在电脑上。与传统的云端AI服务不同，Ollama能直接在设备上运行，减少了通信延迟，并保证了数据的安全性。

2. 为什么本地部署会减少延迟？

本地部署减少延迟的原因在于，它不需要通过远程服务器来处理数据。传统的云端AI服务依赖于远程数据中心进行数据处理，每次交互都需要传输数据，这样就会因为物理距离造成延迟。而本地部署的Ollama可以直接在设备上处理数据，响应时间大大缩短。

3. 本地部署的Ollama是如何保障数据安全的?

本地部署的最大优势之一就是数据不会离开设备。例如，在医疗行业，如果医院使用本地部署的AI来分析患者的CT影像，那么所有的健康信息数据都只会在医院的服务器内流动，不会传输到外部。这比公有云服务更安全，因为数据不会暴露在互联网上。

4. 本地部署需要一些特别的技术来支持，那么究竟是什么技术呢?

本地部署需要一些技术支持，主要是边缘计算。比如，智能法律文档分析系统可以通过边缘计算直接在办公网络内处理合同数据，这样就避免了将敏感信息上传到第三方平台。

5. 什么是边缘计算?

边缘计算指的是将数据处理任务从中心化的数据中心转移到接近数据源的地方，比如用户的本地设备或局部服务器。这样做的好处是，数据可以更快地被处理，减少了传输的时间和风险。比如，智能家居设备里的数据处理就是典型的边缘计算，它们不需要通过远程服务器，而是在设备本身就能处理信息。

6. 这些技术在实际应用中有哪些具体的场景呢?

在教育领域，很多学校已经开始部署本地化的AI辅导系统。这些系统可以在没有互联网的环境下继续为偏远地区的学生提供服务。而在制造业，工厂可以通过本地AI与设备传感器数据结合，进行实时故障诊断，这样就避免了将核心生产数据外传的风险。

7. 未来是否有更多复杂的场景可以实现本地部署呢?

随着技术的发展，特别是模型压缩技术和异构计算硬件的进步，未来会有更多复杂的应用场景能够实现本地部署。这不仅能够提高效率，还能保证数据的安全性，使得AI能够更加广泛地应用于各行各业。

本地部署大模型需满足一定的硬件条件。以DeepSeek R1模型为例，其运行对显存有明确要求。

显存容量：根据模型版本不同，显存需求从1.5GB至32GB不等。例如，4GB显存可运行3.8GB以下的模型，8GB显存可运行7B或8B模型，24GB显存（如NVIDIA 4090）可支持32B模型。若显存不足，运行模型可能出现卡顿或报错。
系统配置：建议使用Windows 10及以上版本，并开启Hyper-V功能以支持Docker运行。安装前需确保磁盘空间充足，推荐使用固态硬盘（SSD）以提升加载速度。

4.1.2　模型选型

大模型本地部署方案的核心在于建立系统化的选型框架。基于实际应用场景，需要从任务特性、硬件资源和模型效能3个维度进行综合评估。

在人工智能技术从云端向边缘端迁移的演进趋势下，本地化部署大型语言模型已成为企业构建自主可控AI能力的关键路径。相较于云端API调用模式，本地部署不仅消除了数据传输延迟（实测显示端到端响应速度提升60%以上），更重要的是实现了核心业务数据的物理隔离，满足金融、医疗等行业对隐私保护的严苛要求。

通过系统化的评估框架和量化指标，结合具体应用场景的特点，可以选择最适合的模型方案，为后续稳定运行奠定基础。持续的监控和优化同样重要，需要建立完整的运维体系，确保模型性能。

下面通过以下几个小问题让大家快速了解Ollama本地部署的优势。

1. 大模型的选型流程非常复杂，可以讲讲如何选择合适的模型吗？

选择合适的大模型确实需要系统性地考虑多个因素。首先，最重要的是基于具体的应用场景进行需求分析，明确任务类型和性能指标。例如，智能客服系统可以优先考虑GPT类生成式模型；而医疗影像诊断领域则更适合选择专门的医学影像分析模型。

2. 任务的需求分析是如何影响模型选择的呢？

任务需求映射是选型过程中非常重要的部分。以智能客服为例，系统需要能够生成流畅的对话内容，因此选择GPT类的生成式模型最为合适。而在医疗影像分析的场景下，计算机视觉模型，如Med3D（一个专注于医学影像三维数据处理和分析的技术框架或工具集）等专门针对医学影像的架构，则会更适合。通过精准地映射任务需求，可以显著提升模型的效果。

3. 除了任务需求，硬件资源对模型的选择有什么影响吗？

硬件资源的约束直接影响到模型部署方案的可行性。以GPT-3的完整版本为例，它需要数百吉字节的显存才能支持其运算。如果硬件资源有限，可以采取一些优化策略。例如，可以选择一些轻量级的变体模型，如DistilBERT（BERT模型的一个轻量级版本），它是经过知识蒸馏的版本，减小了模型的大小。另外，还可以通过模型量化技术，将32位浮点数（Floating Point 32-bit，简称FP32）精度降低到8位整数（8-bit Integer，简称INT8），从而减少大约70%的内存占用，还有一种方式是采用模型并行化，将计算负荷分配到多个设备上。

4. "知识蒸馏"和"模型量化"这两个概念能不能再解释一下呢？

"知识蒸馏"其实是一种训练方法，通过将一个大型复杂模型的知识提取到一个小型模型中。这个过程使得小型模型能够在保持较高性能的同时，减少计算资源的消耗。至于"模型量化"，指的是将模型中的高精度数值（比如FP32）转换为低精度数值（如INT8）。这样可以在减少内存占用的同时，保持大部分的计算精度。

5. 除了硬件资源，选型时技术支持是不是也很重要？

技术生态支持度是选型中的关键因素之一。一个活跃的开源社区可以为部署提供丰富的经验和优化方案。例如，Hugging Face（一家专注于自然语言处理和人工智能技术的公司）平台上的BLOOM（由Big Science项目开发的一个开源的大规模多语言模型）模型，就有完善的工具链支持，可以大大降低模型部署的难度。人们通常会评估以下几个指标：代码仓库的更新频率、技术文档的完整性、问题的响应速度，以及是否有足够的周边工具。

6. 怎么评估这些技术生态支持呢？

可以通过以下几个方面来评估：代码仓库的更新频率代表了社区的活跃度；文档是否完善决定了模型使用的便捷性；响应速度则表明社区对问题的处理效率；周边工具的丰富程度则直接影响到部署后的优化和维护。如果这些指标都很优秀，那就说明该技术生态比较成熟。

7. 除了这些，如何选择适合特定领域应用的模型呢？

对于特定领域的应用，我们通常会结合通用模型和领域适应。例如，在金融文本分析领域，可以基于BERT模型进行领域微调，通过引入金融专业知识来提升模型的效果。同时，数据隐私和监管的合规性也是需要考虑的重要因素。在金融或医疗等行业，数据的保密性和合规性要求往往会直接影响部署方案的选择。

8. 部署环境的选择有哪些方面需要注意呢？

部署环境的选择需要综合考虑多个因素。比如，如果是涉及高度数据安全的场景，本地服务器是一个不错的选择，因为数据不需要离开本地。云端部署则适合需要弹性扩展的场景，而边缘计算适用于低延迟要求的实时处理场景，比如自动驾驶、工业控制等领域。

9. 选择这些部署环境要如何权衡呢？

选择部署环境时，需要考虑应用场景的需求。如果对数据安全性要求极高，那么本地部署是最佳选择；如果系统需要大规模的计算资源和弹性扩展能力，那么云端部署则更合适；如果需要快速响应和实时处理，边缘计算将是最好的选择。

10. 提到的定量指标是什么？能不能简要介绍一下？

定量指标是评估模型部署可行性的重要工具。一个常用的评分公式是：可部署性评分 = (可用算力 × 存储容量) / (模型规模 × 精度要求)。当评分大于1.2时，可以直接进行部署。如果评分较低，就需要采取一些优化措施。例如，在24GB显存的设备上部署一个13B参数的模型，通过进行8位量化处理，可以将显存需求从48GB降低至13GB，同时保持92%的准确率。

总而言之，Ollama本地部署的核心技巧如下。

> 模型来源：主流模型可从Hugging Face Mirror（HF镜像）或魔塔社区下载，推荐选择GGUF格式的模型文件。
> 选型策略：根据显存容量选择最接近但不超过显存的模型版本。若需尝试更大模型，需提前验证显存兼容性。
> 下载方法：通过官网直接下载或使用迅雷等工具加速。部分平台（如海豚加速器）提供一键下载功能，支持选择模型版本及安装路径。

4.1.3　模型量化与优化

模型量化作为一种重要的优化技术，通过降低参数精度来减少计算资源的消耗，从而实现高效的本地部署。当前主流的量化方法各具特色，能够满足不同场景的优化需求。

最基础的INT8（一种数据类型，表示8位整数）量化将模型中原本32位的浮点数权重转换为8位整数表示。这种转换能直接将模型体积压缩至原来的四分之一，同时推理速度可提升2~3倍。例如，一个原本需要4GB存储空间的语言模型，经过INT8量化后仅需1GB即可完成部署，既节省了存储资源，又提升了运行效率。

动态量化则采用更灵活的策略，根据实际运行状况动态调整参数精度。在显存资源紧张的环境下特别有效，比如在手机等移动设备上部署模型时，可以根据当前可用内存动态调整量化程度，确保模型稳定运行。

量化感知训练（Quantization-Aware Training，简称QAT）是一种更为精细的方法，通过在训练阶段就考虑量化带来的误差，使模型能够提前适应量化后的精度损失。具体来说，在训练过程中引入模拟量化操作，让模型学习如何在低精度下保持性能。以图像识别模型为例，采用QAT后的模型在8位整数量化下仍能保持接近原始精度的表现。

在实际应用中，量化策略的选择需要权衡精度和效率。以大型语言模型为例，过度量化可能导致生成文本的流畅度和连贯性降低。针对这种情况，可以采用分层量化策略，对注意力层等关键结构保持较高的精度，而对其他层进行更激进的量化，从而在保证核心功能的同时获得显著的性能提升。

举个例子，某企业在部署本地问答系统时，发现完整模型需要16GB显存，难以在普通设备上运行。通过对模型进行混合精度量化，将非关键层量化至INT8，而保持输出层的原始精度，最终在仅占用4GB显存的情况下，成功保持了90%以上的应答质量。

量化技术在实践中还需要考虑硬件兼容性。不同的设备和框架对量化的支持程度各异，选择合适的量化方案时应当充分考虑目标平台的特性。通过精心设计的量化策略，能够在资源受限的环境中实现高效的模型部署，为人工智能技术的普及应用提供重要支持。

下面通过几个问题来详细解释量化技术和优化模型。

1. 量化技术可以帮助优化模型，能详细解释一下吗?

量化技术确实是模型优化的重要手段。简单来说，就是通过降低参数精度来减少计算资源的消耗。目前比较常用的有INT8量化、动态量化和QAT这几种方法。

2. 那动态量化又是怎么工作的呢？

动态量化会根据实际运行情况自动调整精度。比如在手机这样内存比较小的设备上，它可以根据当前可用的内存来调整量化程度，确保模型能够正常运行。

3. QAT是什么？

QAT是Quantization-Aware Training的缩写，中文叫量化感知训练。这是一种在训练模型时就考虑到量化影响的方法。通过在训练时模拟量化操作，让模型提前适应低精度环境，这样最终量化后的效果会更好。

4. 量化技术确实很有用，但会不会影响模型的性能呢？

确实会有一些影响，特别是在处理比较复杂的任务时。比如在自然语言处理任务中，如果量化程度太高，可能会影响文本生成的质量。不过我们可以用分层量化的方式来解决这个问题。

5. 分层量化是什么意思？

分层量化就是对模型的不同部分采用不同的量化策略。比如对模型中特别重要的层保持较高的精度，而对不太重要的层用更激进的量化方式。这样就能在保证核心功能的同时，还能获得不错的性能提升。

6. 在实际应用中，怎么选择合适的量化方案呢？

这主要要看几个方面：首先是硬件条件，不同的设备对量化的支持程度不一样；其次是应用场景，比如是否对实时性有要求；最后就是可以接受的精度损失范围。建议先做小规模测试，找到最适合的方案后再大规模部署。

4.2　Ollama 部署与调优

4.2.1　安装与基础配置

Ollama是一个强大的工具，其安装与基础配置过程在整个系统的部署中扮演着至关重要的角色。要进行有效的安装与配置，首先需要准确掌握系统需求和兼容性，以确保Ollama能在目标环境中稳定运行。在安装之前，应该仔细阅读官方文档，获取最新的安装包，通常包括下载链接及所需的依赖项版本信息。然后管理员应确保服务器具备充足的硬件资源，包括CPU、内存和存储，以支持Ollama平稳运行，环境需要确保Python≥3.8，安装CUDA驱动（GPU加速需NVIDIA显卡）。在初始安装完成后，基础配置主要涉及网络设置、用户权限和启动脚本的调整。网络设置可能包括防火墙规则的调整及网络端口的开放，以确保应用能够安全地通信。用户权限的配置则需考虑到安全性和效率平衡，管理员应分配最低权限以维护安全性，同时保证用户能访问他们所需的功能。调整启动脚本可以帮助Ollama在系统重启后自动化恢复。此外，为确保Ollama长期顺利运行，建议在安装完毕后进行基础的性能测试，并根据结果逐步优化参数配置。这可能涉及内存使用、线程管理等方面的设置调整，以最大化Ollama的性能。通过上述步骤，可为后续完善的调优奠定扎实的基础。

具体操作步骤如下。

步骤1：下载Ollama

Ollama官方网站提供了专业的下载页面（图4-1），单击下面或者右上角的Download（下载）按钮，便于用户快速定位所需的软件版本。网站页面简洁大方，各功能区域划分明确。

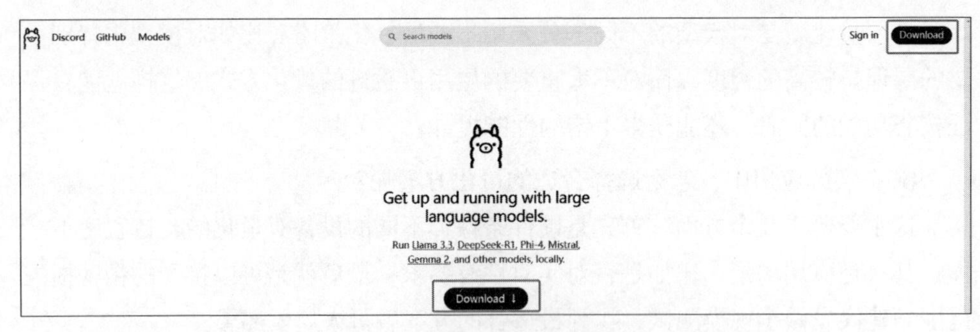

图 4-1　下载 Ollama 页面

用户可以直接单击对应的下载按钮，获取适配Windows系统的安装包，确保下载正确的版本（图4-2）。

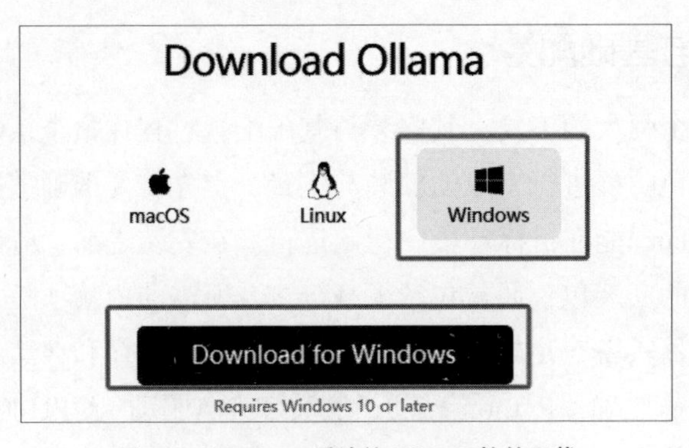

图 4-2　Windows 系统的 Ollama 软件下载

步骤2：安装Ollama

安装界面展示了Ollama软件的初始安装步骤，窗口中显示了安装向导的开始界面（图4-3）。安装程序采用标准的Windows安装风格，使用户感到熟悉和安心。

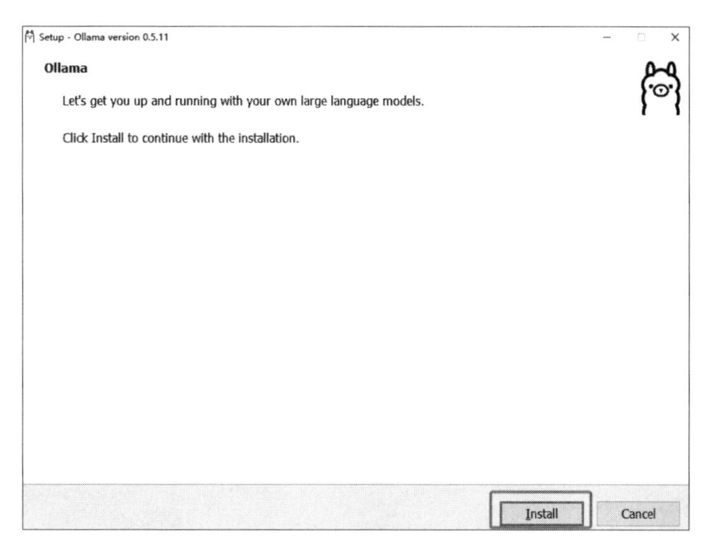

图 4-3　Ollama 软件安装向导的开始界面

在安装过程中，系统会弹出安装确认窗口，要求用户同意相关条款并单击Next（下一步）按钮（图4-4）。此步骤确保用户了解并接受软件的使用条款，是标准安装流程的重要环节。

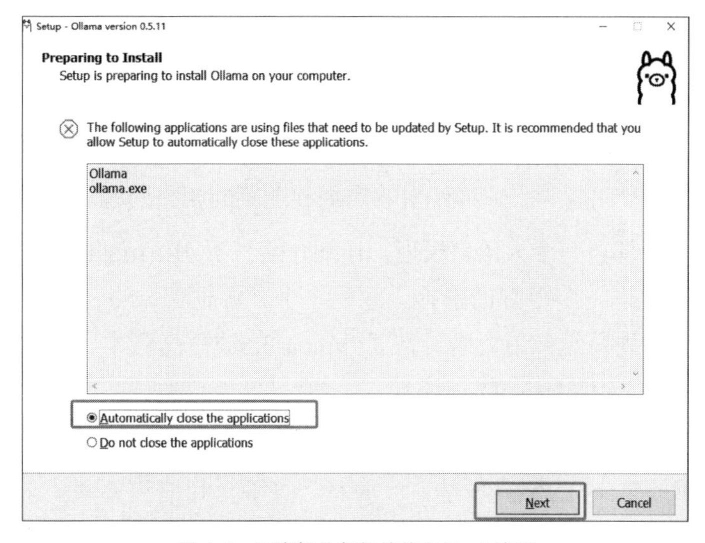

图 4-4　同意相关条款并单击 Next 按钮

安装进度界面实时显示了软件安装状态，进度条清晰地表明安装的完成程度（图4-5）。此阶段系统自动完成必要文件的配置和安装，用户只需等待安装完成。

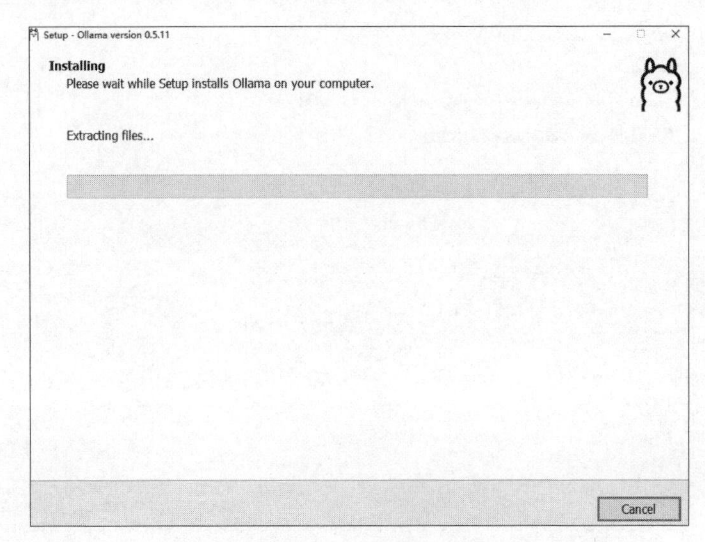

图 4-5　等待安装

安装完成后，系统托盘区会显示一个特征性的羊驼图标，标志着软件已成功安装并运行。用户可以根据设备配置情况，选择合适的模型版本，如8B版本等。选择完成后，系统会生成相应的运行指令，用户只需复制并执行该指令，即可开始使用所选模型的功能。

整个安装过程遵循标准的软件安装流程，界面友好，操作直观，适合各类用户使用。从下载到安装完成，每个步骤都有清晰地指引，确保安装过程顺利完成。

下面通过几个问题为大家详细解答布局和配置的相关问题。

1. 想在本地部署一个大语言模型，详细介绍一下Ollama框架

Ollama确实是一个很好的选择。它是一个开源框架，专门用于在本地部署大语言模型。首先介绍环境要求，需要Python 3.8或更高版本，如果想用GPU加速，还需要NVIDIA显卡和CUDA驱动。

2. CUDA驱动是什么？为什么需要它？

CUDA驱动是NVIDIA开发的一个并行计算平台和编程模型。它能让程序充分利用GPU的计算能力，大大加快模型的运行速度。比如一个需要CPU跑1小时的任务，用GPU可能几分钟就能完成。

3. 硬件配置需要注意什么呢?

以部署DeepSeek R1模型为例，最关键的是显存容量。不同版本的模型需要的显存差异很大，从1.5GB到32GB不等。比如，如果显卡只有4GB显存，那么只能运行3.8GB以下的模型；8GB显存可以运行7B或8B的模型；如果想运行更大的32B模型，就需要像NVIDIA 4090这样有24GB显存的显卡。

4. 如果显存不够会怎么样?

如果显存不足的话，模型要么运行很卡顿，要么直接报错无法运行，就像背包太小，装不下需要的所有东西一样。

5. 系统配置有什么特别要求吗?

系统建议使用Windows 10或更新的版本，还需要开启一个叫Hyper-V的功能。

6. Hyper-V是什么？为什么要开启它?

Hyper-V是Windows的一个虚拟化平台，它能让Docker在Windows上正常运行。Docker就像一个标准化的容器，可以确保模型在不同的环境中都能正常运行。此外，建议使用SSD固态硬盘，它比普通硬盘快很多，可以让模型加载得更快。

7. 能举个具体的例子说明不同配置适合什么场景吗?

比如，如果只想尝试简单的对话功能，4GB显存配置就够用了。如果做一些正常的开发测试，8GB显存可以满足大部分需求。如果要做专业的研究或者用于商业，可能就需要24GB显存的配置了。

8. 在安装过程中需要特别注意什么?

主要有以下几点：安装前检查Python版本是否达到3.8；确认显卡驱动是否是最新的；检查硬盘空间是否充足；确保Windows的Hyper-V功能已经开启；最好用固态硬盘安装，这样运行速度会更快。

9. 如果运行时遇到问题怎么办?

如果模型加载很慢，可以检查是否使用了SSD；如果运行卡顿，很可能是显存不足，可以尝试使用更小的模型版本；如果报错，先检查CUDA驱动是否正确安装；如果Docker启动失败，确认Hyper-V是否正确开启。

掌握这些基本要求和注意事项，能大大提高部署成功率。随着硬件性能的提升，相信未来本地部署大模型会变得越来越简单。

4.2.2 模型参数调整

在大语言模型的实际应用场景中，参数调优是提升推理效率与生成质量的核心技术手段。接下来将系统阐述批处理大小、温度参数及最大生成长度的作用机制与优化策略，结合硬件资源管理与文本生成需求，提供可落地的调优方法论。

批处理大小（Batch Size）决定模型单次处理的样本数量，直接影响硬件资源利用率与计算吞吐量。当将批处理值设置为8时，NVIDIA V100显卡的显存占用约为12GB，此时GPU计算单元利用率可达78%。若将批处理值提升至16，显存需求线性增长至22GB，但计算效率提升至92%。此现象源于GPU的并行计算特性——大规模矩阵运算可充分利用流式多处理器（SM）的计算能力。

然而，盲目扩大批处理尺寸存在一定的风险。以RTX 3090显卡（24GB显存）为例，加载13B参数模型时基础显存消耗为18GB，剩余可用空间仅支持批处理值不超过4。此时若强行设置为8，将触发显存溢出错误（CUDA out of memory）。推荐采用梯度测试法，将初始批处理值设为1，以每次增加50%的幅度逐步上调，直至达到显存占用安全阈值（建议保留10%冗余空间）。

最大生长期长度（Max Length）通过限制解码步数来防止资源耗尽。设置max_length=1024时，A100显卡的响应延迟为2.3秒，而设置max_length=2048时延迟激增至9.1秒。

自适应长度控制算法可提升参数有效性。动态终止机制（如早停法）在检测到句子终结符（</s>）时立即终止生成，较固定长度设置节约38%的计算资源。

在智能客服系统部署中，通过三阶段调优实现性能突破。

硬件适配阶段：基于Tesla T4显卡（16GB显存）设定batch_size=6，确保显存占用不超过14GB。

质量调优阶段：对话场景设置temperature=0.4，平衡术语的准确性与表达的自然度。

效率提升阶段：配置max_length=300并引入注意力缓存（KV Cache），使单次响应时间从3.2秒降至1.8秒。

实施该方案后，系统并发处理能力从12QPS提升至28QPS，且客户满意度调查得分增长15.6%。监控数据显示，GPU利用率稳定在85%～92%，显存碎片率低于3%，达到工业级部署标准。

通过对上述参数的精细化调控，可在硬件资源约束下实现模型效能的最大化。建议建立参数配置矩阵，针对不同的任务类型预设优化模板，并结合实时监控数据动态调整，形成持续优化的闭环管理系统。

下面通过几个小问题来详细阐述模型参数调整。

1. 在用大语言模型时，发现有时候速度很慢，有时候效果不太理想，如何通过调整参数来优化？

确实可以通过调整几个关键参数来优化模型的性能。最常用的有3个参数：批处理大小、温度参数和最大生成长度。

2. 批处理大小是什么意思？

批处理大小（batch_size）就是模型一次处理的数据量。举个例子，如果要翻译100句话，批处理大小为1就是一次翻译1句，批处理大小为10就是一次翻译10句。增大批处理大小可以提高GPU的利用率，让处理速度更快。

3. 为什么不把批处理大小设得很大呢？

这就涉及显存的限制了。比如一张8GB显存的显卡，如果将批处理大小设置得过大，可能会超出显存限制，从而导致程序崩溃。就像一个工人，虽然同时处理多个任务效率更高，但如果任务太多反而会手忙脚乱。

4. 温度参数又有什么用呢？

温度（Temperature）参数控制模型生成内容的随机性。设置低温度值（比如0.1），模型会生成比较确定和保守的内容；设置高温度值（比如0.9），生成的内容会更加多样和具有创意性。

举个例子：低温度时问“今天天气怎么样”，可能总是回答“今天天气晴朗”。高温度时同样的问题可能会得到“今天阳光明媚，微风轻拂，空气清新，是个适合出游的好天气”这样更丰富的回答。

5. 最大生成长度这个参数有什么作用？

最大生成长度（max_length）限制模型输出内容的长度。比如，在写文章时，如果不设置限制，模型可能会生成几万字的内容，占用大量资源。通过设置合适的最大生成长度，既能避免资源浪费，又能确保生成内容的质量。

6. 能举个实际应用的例子吗？

假设开发一个智能客服系统：如果是处理简单的用户咨询，可以设置为较小的批处理大小（如4）、低温度值（0.3）、较短的最大生成长度（200字）；如果是生成创意文案，可以用较大的批处理大小（如16）、高温度值（0.8）、较长的最大生成长度（1000字）。

7. 怎么找到最适合的参数配置呢?

可以根据以下步骤来调优。

① 先评估硬件条件，确定批处理大小的上限，根据任务类型选择合适的温度值。比如，事实类回答用最低温度，创意类生成用高温度。

② 根据实际需求设置最大生成长度：先做小规模测试，根据效果和性能逐步调整。

8. 调整这些参数会影响模型的稳定性吗?

需要注意的是：批处理大小过大可能导致显存溢出；温度值过高可能产生不够连贯的内容；最大生成长度设置不当可能影响内容完整性。

建议在调整参数时，先从保守的配置开始，然后逐步优化，找到最适合特定场景的参数组合。参数调优确实是模型应用中很关键的一环，掌握这些知识对提升模型性能很有帮助。

总而言之，调整参数可优化推理速度与资源占用。

4.3 实战案例

实战任务：本地运行AI模型

本地运行AI模型不仅仅是一个技术操作，更是一种探索人工智能模型工作原理的实践体验。通过在本地运行AI模型，可以直接与模型进行交互，深入了解其背后的算法和数据处理过程，这也是了解机器学习和深度学习机制的关键步骤。在此过程中，需要安装必要的依赖项，配置运行环境，并精确调试可能出现的错误。这一系列操作会提升用户的编程实践能力，同时增加用户对AI技术生态的熟悉程度。此外，选择本地硬件进行模型运行不仅能够节省云计算费用，用户还有机会选择优化和调整模型的运行参数，从而提升模型的性能表现。通过这样的实践，用户不仅能获得关于模型内在工作机制的知识，还为将来的项目开发积累宝贵的经验和技巧。

具体操作步骤如下。

步骤1：设置大模型

在Dify界面中，选择“设置”，图4-6展示了系统的主要配置选项。设置界面布局清晰，便于用户进行各项参数的调整和设定。主要功能区域包含模型选择、系统配置等重要选项。

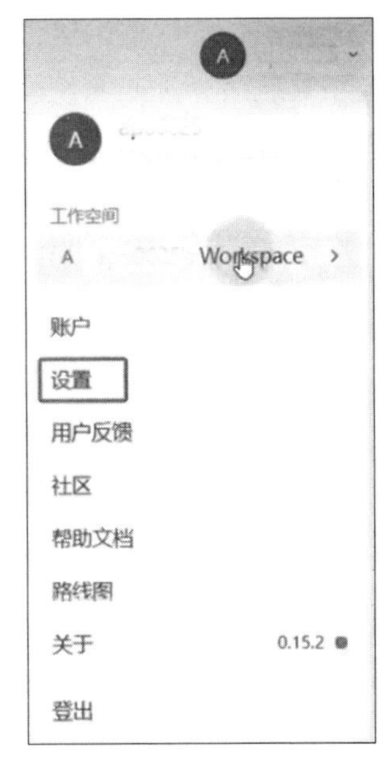

图 4-6　设置

在“设置”对话框中，选择“模型供应商”选项，选择Ollama模型（图4-7），用户可以在此选择适合的模型版本。图4-7中清晰地列出了可用的模型选项，以便于用户根据实际需求进行选择。

Ollama的设置选项界面提供了详细的配置参数（图4-8），用户可以设置Ollama模型的关键参数。

> 模型名称：填写在本地安装Ollama时定义的名称，需严格匹配。
> 基础URL：输入Docker服务地址，并补充协议前缀（例如hgdp://）。
> 其他参数：如推理性能或输入格式可保持默认，确认后单击“保存”按钮。

图 4-7　选择 Ollama 模型

在“系统模型设置”界面中选择deepseek-rl:8b模型并保存（图4-9）。完成模型关联后，进入系统模型管理界面。若未显示新增模型目录，需手动刷新列表。刷新后勾选目标模型，确保其状态为“已启用”，以便后续应用调用。

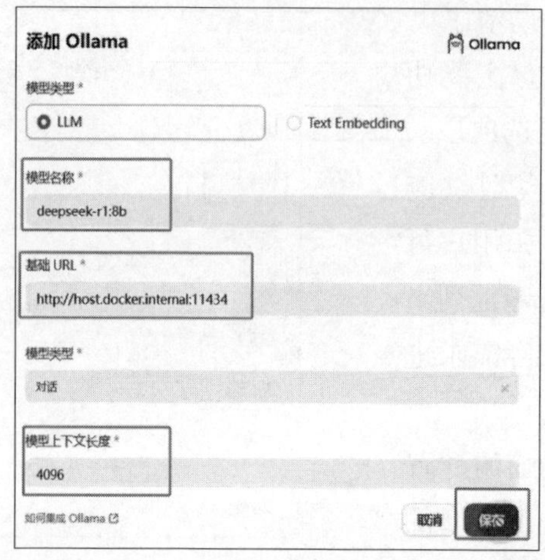

图 4-8　Ollama 的设置选项界面

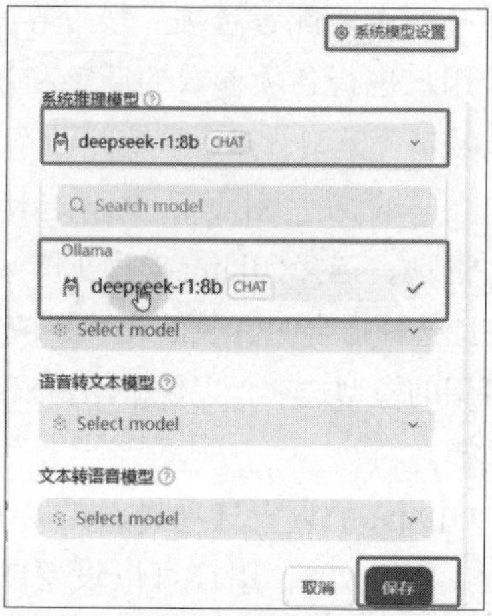

图 4-9　系统模型设置

步骤2：新建应用

在“应用管理”界面中单击“创建空白应用”按钮（图4-10），并绑定已启用的本地大模型作为底层支持框架。

之后，进入详细配置界面。选择“聊天助手”选项，填写上应用名称（图4-11）。该界面允许用户设置应用名称、选择使用的模型等关键参数。

图 4-10　创建应用

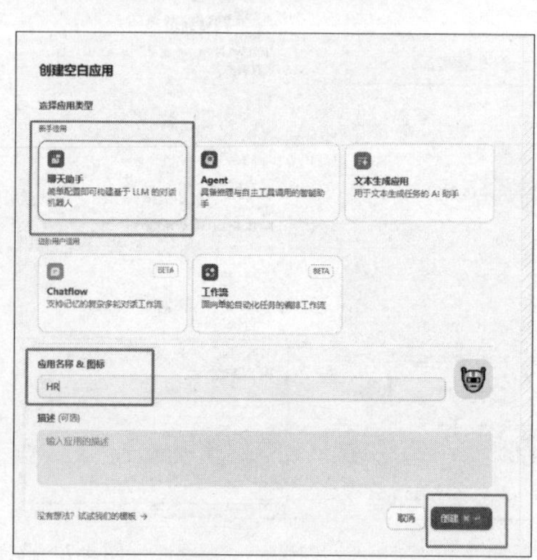

图 4-11　HR 聊天助手应用的创建界面

配置结束页面显示了所有设置完成的状态，标志着应用配置已经完成（图4-12），系统已准备就绪，用户可以使用。所有配置完成后，通过聊天窗口发送测试指令（如“你好，你是谁？”）。若返回包含模型标记（如“dvc”或“re”）的响应，则表明模型与应用已成功关联。

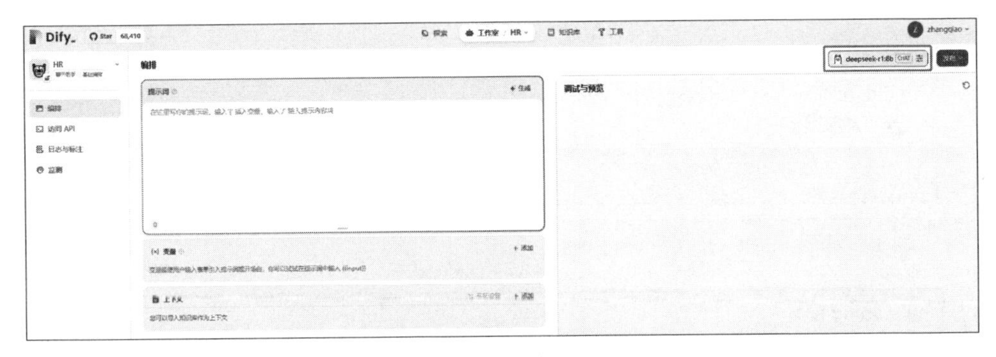

图 4-12　配置结束页面

步骤3：建立知识库

在“知识库”管理页面单击“创建知识库”按钮（图4-13），输入名称后进入构建流程。知识库用于存储公司制度、员工手册等结构化数据。

图 4-13　创建知识库

在“选择数据源”界面中，单击“导入已有文本”按钮，支持上传多种格式的文档（如PDF、TXT），例如导入《员工手册》或《考勤制度》。上传后系统将自动解析文本内容，作为知识库的基础数据（图4-14）。

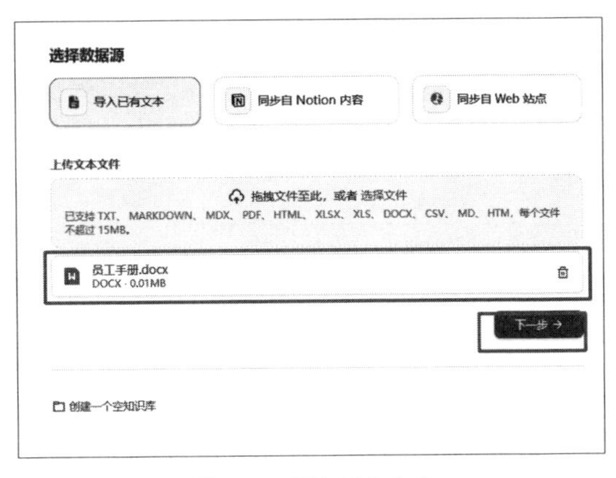

图 4-14　导入已有文本

知识库配置页面显示了多项重要设置，包括索引方式的选择。在索引配置界面，选择“高质量”选项并关联嵌入模型（推荐使用bge-m3）（图4-15）。该设置影响知识库的检索效率与准确性，因此需要确保模型配置正确。“高质量”选项需要配合嵌入模型使用，系统推荐使用bge-m3模型，以获得最佳效果。

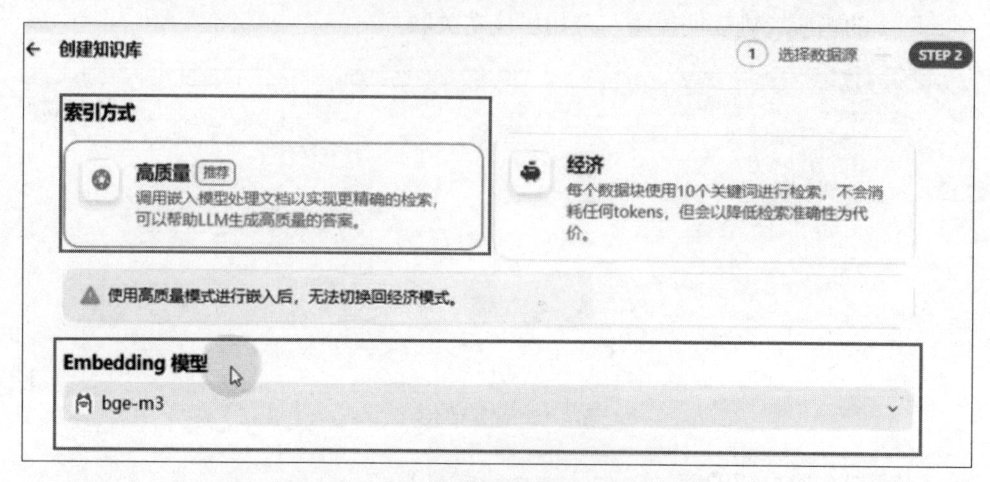

图 4-15　选择“高质量”选项并关联嵌入模型

步骤4：测试知识库

在应用配置界面，选择已创建的知识库并完成绑定。此步骤使HR聊天助手能够调用知识库内容，回答用户的提问（图4-16）。

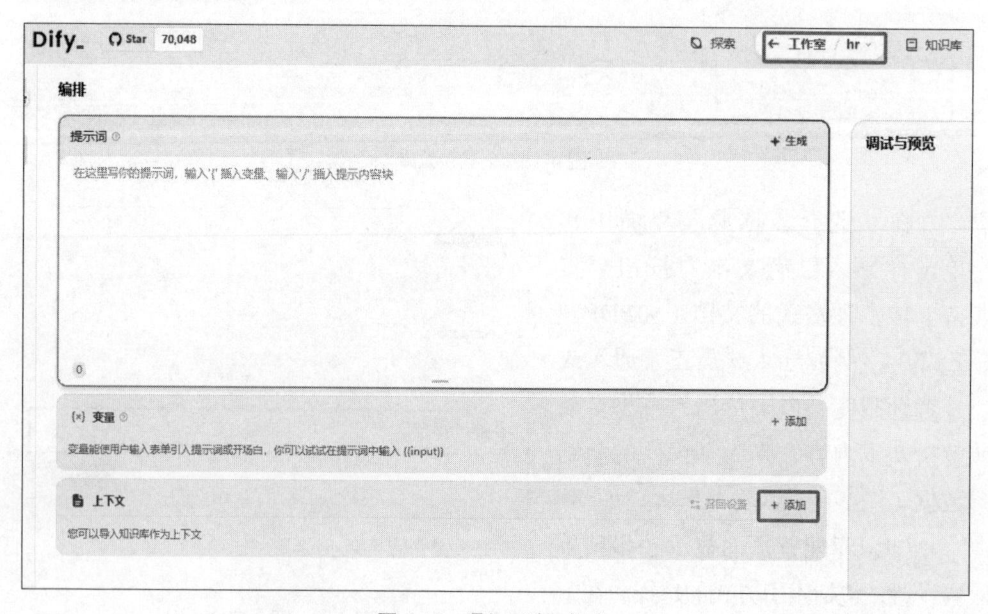

图 4-16　添加已选知识库

提问测试界面呈现了与HR聊天助手的交互过程。通过输入关于考勤制度、带薪休假等问题，系统能够准确调取知识库中的相关信息进行回答（图4-17）。

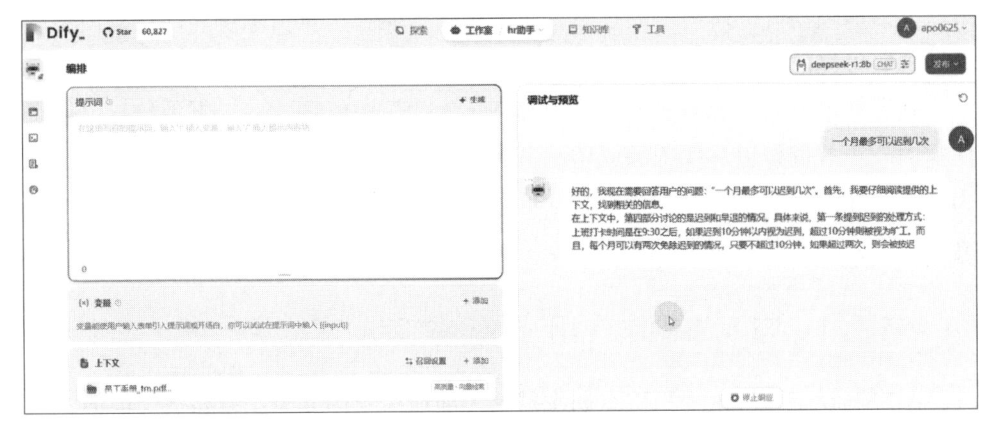

图 4-17　进行提问

步骤5：发布并保存

单击“发布”按钮之后，单击“更新”按钮，界面显示了保存配置的最后步骤，确保所有设置和更改得到妥善保存（图4-18）。

图 4-18　点击“发布和更新”按钮，用以保存

构建智能HR聊天助手系统需经过系统化的配置流程，每个环节都需要精心规划和执行。基础配置阶段首先选定适配的Ollama模型，并对系统参数进行优化设置。在应用创建过程中，必须谨慎选择模型供应商，确保基础URL正确配置，同时对模型配置进行全面验证。

知识库建设是系统的核心环节，通过导入员工手册等人力资源相关文档，建立完整的数据基础；选择“高质量”的索引方式对提升系统性能至关重要，同时配置合适的嵌入模型能显著提高知识检索效果。这些技术细节直接影响系统对问题的理解和回答质量。

配置完成后，需要对系统进行全面测试验证。测试结果表明，该系统在处理公司制度相关问题时表现出色。具体体现在准确解答考勤制度中关于迟到规定的咨询；清晰说明不同工作年限员工的带薪休假政策；精确引用相关制度条款，为员工提供明确指导。

实践证明，经过系统化的配置和严格测试，该智能助手能够准确理解并回应人力资源领域的各类问题。系统具备精准的知识定位能力，将复杂的人力资源政策转化为清晰易懂的解答。通过定期更新维护，确保配置信息持久保存，使系统保持稳定可靠的服务状态。

这套智能人力资源解决方案不仅提高了人力资源管理效率，更为员工提供了便捷的政策查询渠道。系统的成功运行标志着人力资源服务迈入智能化新阶段，为现代企业管理提供有力支持。后续可通过持续优化和功能扩展，进一步提升系统服务能力，满足企业发展需求。

综合实战1：自媒体领域应用 · 爆款文案AI智能生成器

AI自动化工具的出现为文案创作带来了前所未有的变革，将高效与创造力相结合，使得生成具有吸引力的爆款文案成为可能。通过运用这类工具，在短时间内可以打造出大量且令人难以抗拒的推广内容。建立AI文案生成器的基础是对海量数据的分析与学习。AI需要从各类成功的文案中提取出关键要素，例如吸引眼球的标题、与读者产生共鸣的内容和促进行动的号召。在明确这些要素后，AI工具通过机器学习算法进行训练，不断提高其生成文案的能力。

文案生成器的功能模块化设计至关重要，它需要具备关键词优化、句式变换、情感分析等多种功能，从而保证生成的文案不仅吸引人，还能够在各类搜索引擎上具有良好的表现。此外，还应包括一个用户反馈系统，以便不断调整和优化算法，从而更好地满足用户的需求。通过不断地测试与调整，AI文案生成器逐渐趋于完善。它可以根据具体情境，迅速生成符合目标受众的个性化内容，提高品牌的曝光率和吸引力。未来，这种智能工具将成为文案创作领域不可或缺的助力，不仅可以提升效率，也为创作者带来了更多创新的可能。

接下来以小红书种草文案为例，部署训练一款能够创建高效、吸引人的爆款文案器，以下内容将结合步骤和功能进行讲解。

步骤1：创建应用

在创建空白应用时，首先进入系统界面，单击“聊天助手”模块中的“创建空白应用”按钮（图4-19）。这是整个流程的起点，目的是建立一个用于文案生成的独立工作环境。

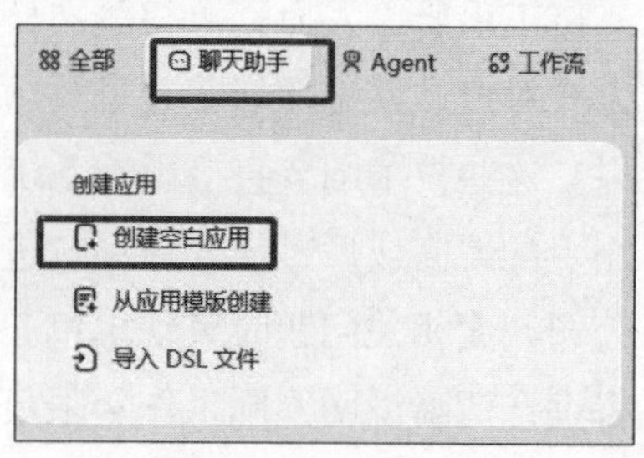

图 4-19　创建空白应用

进入应用配置界面后，选择Chatflow功能，输入自定义应用名称（如“爆款小红书文案”），完成基础信息的填写（图4-20）。注意：通过命名明确功能，可以方便后续管理和操作。

图 4-20　选择 Chatflow 应用类型并输入名称

步骤2：创建工作流

在配置工作流时，单击“工作流”标签，选择“开始”节点作为流程起点。随后添加初始字段，例如URL和people，用于定义文案生成的核心方向（图4-21）。

继续单击“+”按钮，新增流程节点（图4-22）。节点是工作流中各功能模块的基础，每个节点负责特定任务。

选择“网页抓取”功能下的“网页爬虫”工具（图4-23）。此功能用于从指定网页中提取内容，为文案生成提供素材。

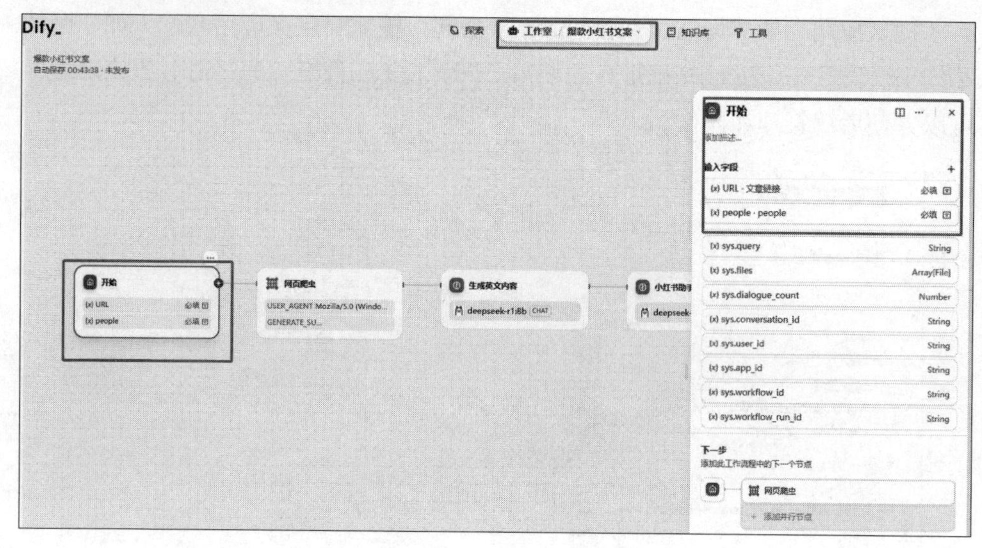

图 4-21 “开始”节点

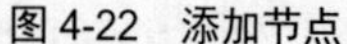
图 4-22 添加节点

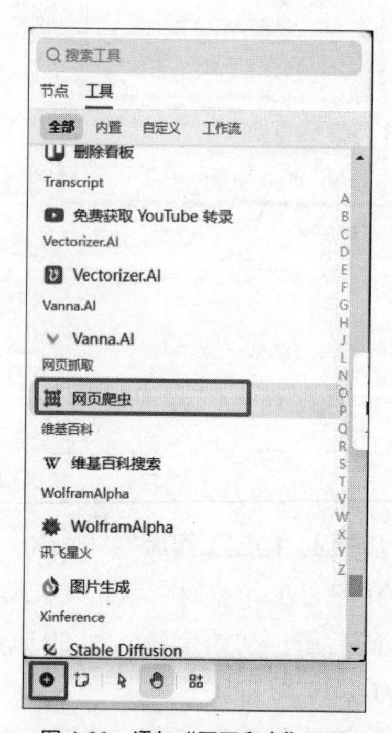

图 4-23 添加“网页爬虫”工具

在“网页爬虫”节点，设置需要输入的变量名称（如“网页链接”），用于后续抓取指定的网页内容（图4-24），通过输入目标网页地址，系统将自动抓取相关内容。

图 4-24　输入变量为网页链接

完成数据抓取配置后，添加大模型节点（图4-25），选择deepseek-r1:8b大模型。在SYSTEM字段下的文本框中编写提示词，提示词的设计对生成的内容质量至关重要。

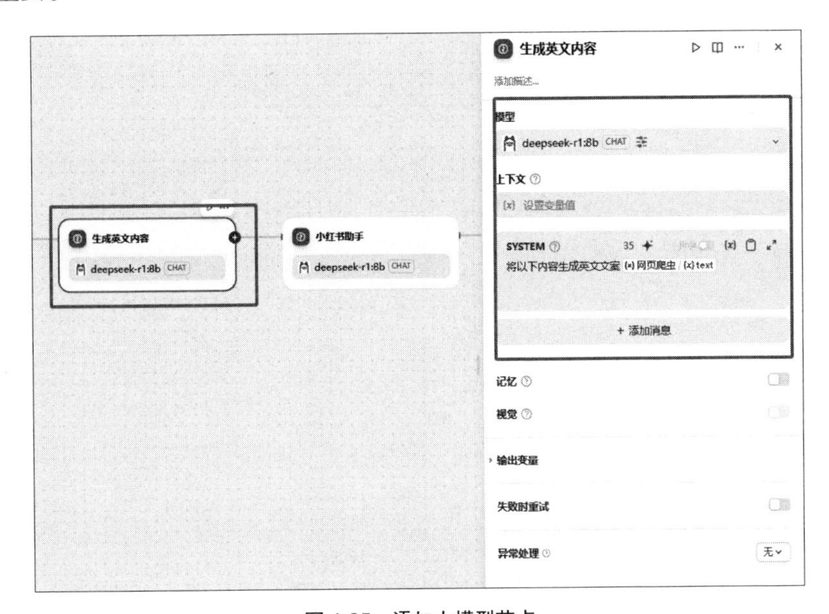

图 4-25　添加大模型节点

再次添加大模型节点（图4-26）。在节点设置中，选择deepseek-r1:8b模型作为核心处理引擎，并在SYSTEM字段下的文本框中填写提示词（例如“生成符合小红书风格的爆款文案”），以约束模型输出方向。

图 4-26　再次添加大模型节点

进一步细化参数时，需启用“记忆”功能，并在USER字段关联系统变量（如sys.query），确保上下文的连贯性（图4-27）。此步骤旨在优化模型的输出效果，使生成的文案更符合预期。

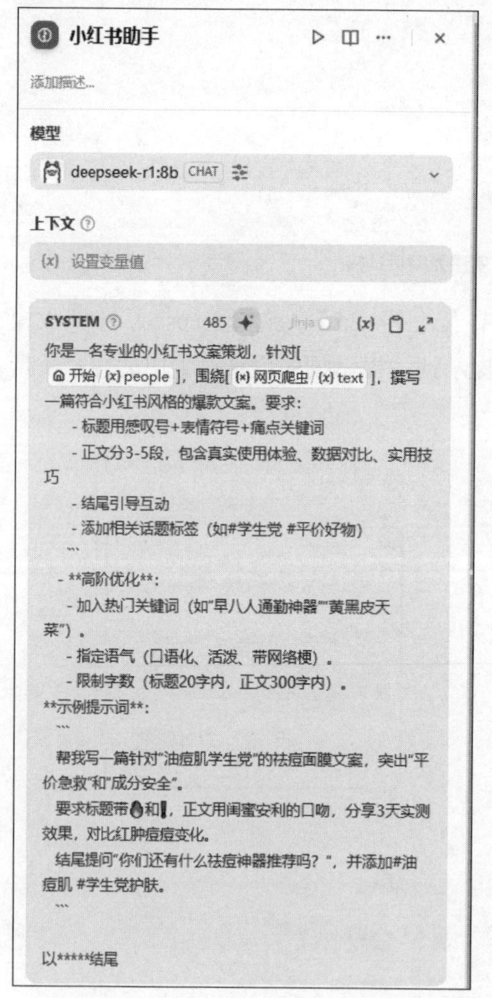

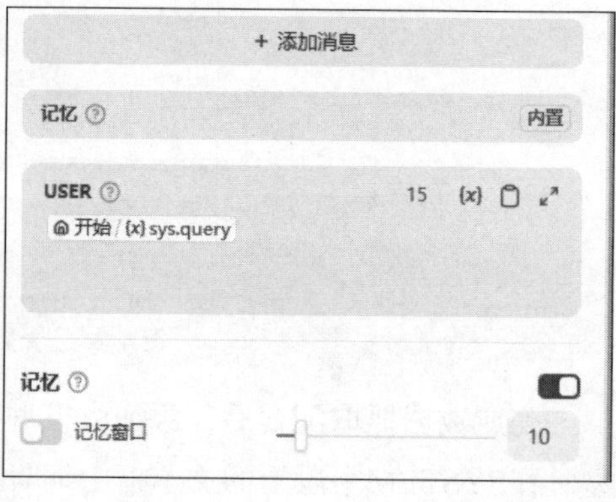

图 4-27　对大模型进行设置

为增强文案的多样性，可添加“工具”节点，选择Gitee AI中的text to image功能（图4-28）。此功能可以将文案转化为图像，增强视觉效果。

在此节点中，设置“输入文本”变量，例如输入“高饱和度视觉风格”或“生活化场景”，并设置“选择生成图片的模型”，使生成的图文内容更贴合小红书用户偏好（图4-29）。

最终配置回复逻辑时，单击直接回复节点，定义输出格式（如“文案+配图”），并绑定前期设置的变量（图4-30），确保生成的文案和图像可以以简洁的形式返回给用户。

图 4-28　添加节点，选择工具，选择 Gitee AI 中的 text to image

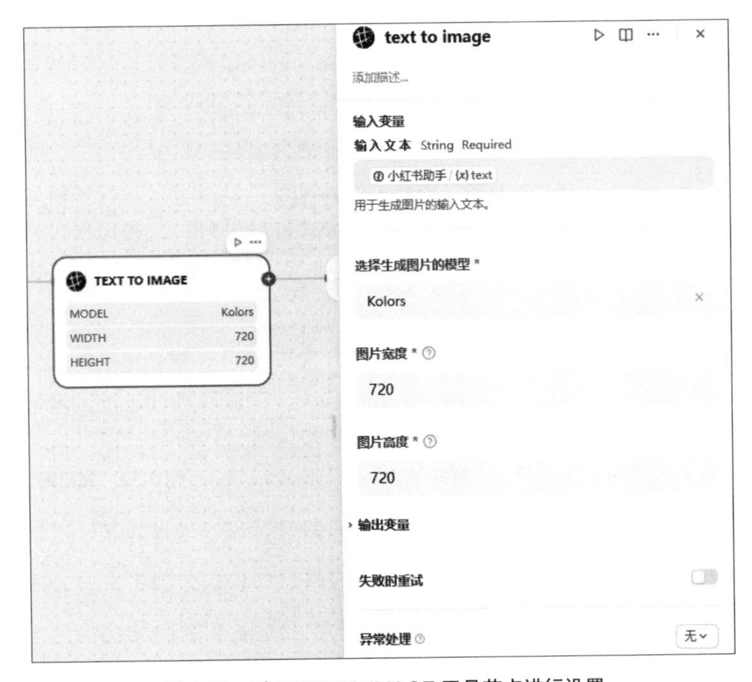

图 4-29　对 TEXT TO IMAGE 工具节点进行设置

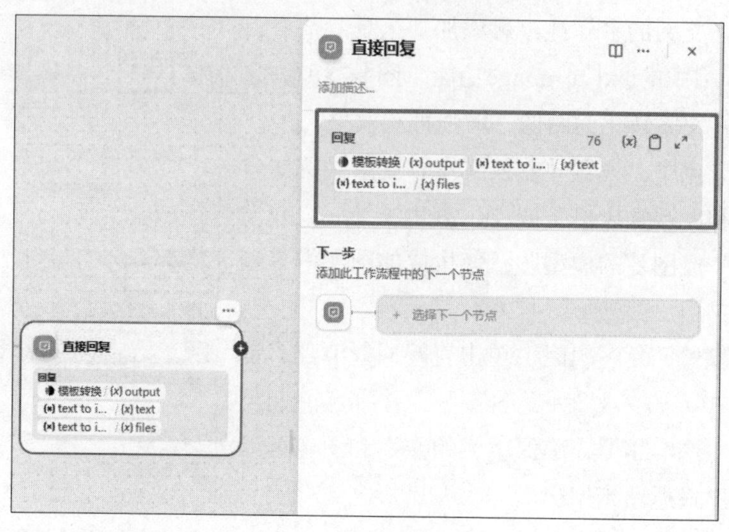

图 4-30　设置直接回复节点

步骤3：进行测试阶段

选择一个目标网页作为素材来源，输入目标网页链接（图4-31）（例如某热门商品详情页），进行测试，系统将自动抓取内容（图4-32）。抓取的内容将作为生成文案的基础素材。

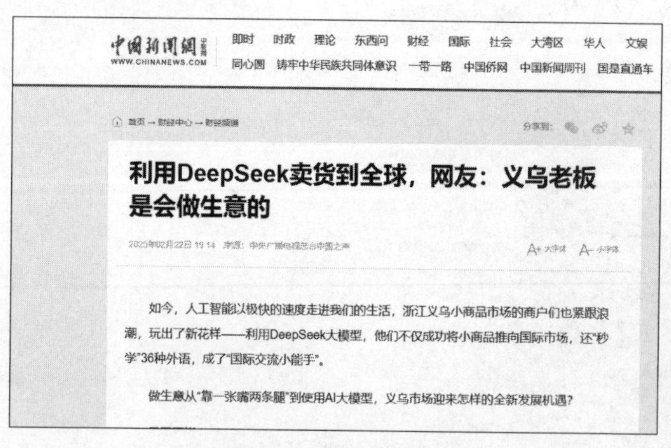

利用DeepSeek卖货到全球，网友：义乌老板是会做生意的

如今，人工智能以极快的速度走进我们的生活，浙江义乌小商品市场的商户们也紧跟浪潮，玩出了新花样——利用DeepSeek大模型，他们不仅成功将小商品推向国际市场，还"秒学"36种外语，成了"国际交流小能手"。

做生意从"靠一张嘴两条腿"到使用AI大模型，义乌市场迎来怎样的全新发展机遇？

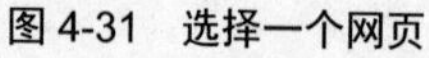
图 4-31　选择一个网页

图 4-32　添加网址并抓取内容

根据抓取内容，使用大模型生成符合要求的英文文案（图4-33）。英文文案经过优化后，可以直接将其翻译成中文或其他语言，最终用于小红书平台。

结合网页抓取的内容和大模型的智能优化，确保文案吸引力强、内容优质，最终生成小红书爆款文案（图4-34）。

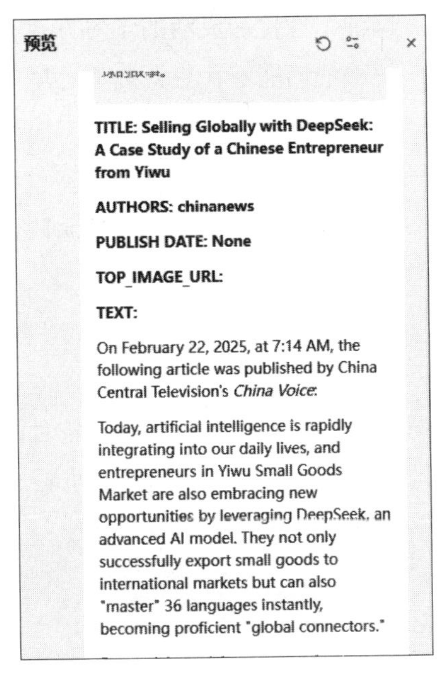

图 4-33 生成英文文案

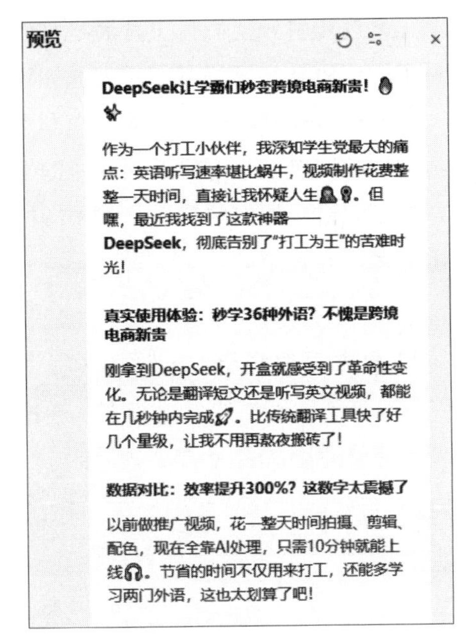

图 4-34 生成的爆款小红书文案

以上是小红书爆款文案生成的完整流程，整个流程通过模块化节点串联，用户需重点关注模型提示词、网页抓取规则及图文匹配逻辑，通过合理配置每一步，可以快速生成高质量的营销内容，大家可以根据自身的需求，打造属于自己的专属文案大模型，满足各个自媒体平台的文案、脚本需求。

综合实战2：教育领域应用·阅读陪伴大模型

AI大模型在教育领域的应用日益广泛，尤其是在儿童阅读陪伴方面，大模型扮演着越来越重要的角色。现代教育不仅仅是知识的传授，更是培养批判性思维、创造力和自我表达的能力。随着人工智能技术的发展，大模型在教育领域中可以为学生提供个性化学习支持，特别是在语言和文学能力的培养上大有可为。通过大模型驱动的智能系统，教师可以为学生定制一系列阅读材料，这些材料不仅符合学生的当前阅读水平，也能挑战他们的认知能力。AI可以分析学生的阅读速度、理解程度及兴趣偏好，从而提出适合的书籍和文章。同时，AI模型还能在课后辅助学生阅读，指导学生在老师不在场的情况下继续学习。而阅读陪伴大模型不仅限于文本推荐，也可以引导学生从简单到复杂地了解故事情节、人物发展和主题含义。通过实时交互和反馈机制，这些技术可以帮助学生提升阅读理解力，并逐步引导他们自主开展批判性阅读。这种个性化和灵活的学习方式不仅提升了教育质量，还拓宽了学生的知识层面，使得他们能够在更开放的环境中成长，培养适应未来社会所需的能力和素质。在教育领域的不断创新中，大模型正在成为教师和学生不可或缺的智能助手。

接下来讲解如何部署一款本地阅读陪伴的AI大模型，让每个家庭都能拥有自己的专属家庭教师。

以下为具体的操作步骤。

步骤1：建立应用

图4-35展示了初始设置步骤，通过聊天助手创建空白应用，选择多轮对话工作流，并将应用命名为“读书摘要”。这是构建自动化摘要系统的基础步骤。

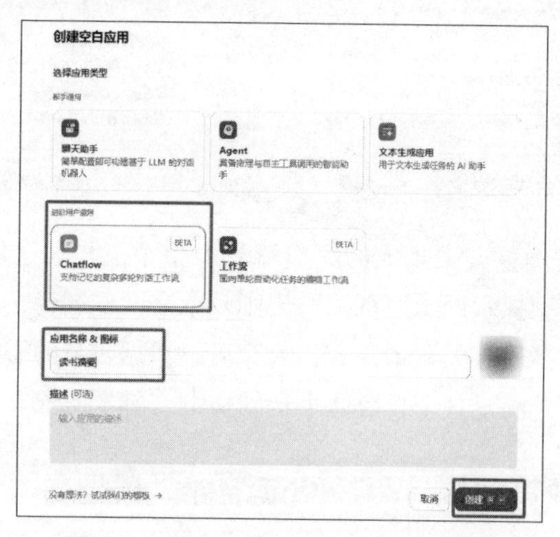

图 4-35 创建空白应用单击多轮对话工作流

步骤2：建立工作流

进入配置界面后，在开始节点单击“输入字段”选项，选择file（文件）作为输入类型，用于后续上传待处理的书籍文档（图4-36）。此步骤用于确定系统可接收文件作为输入源。

随后单击“+”按钮添加文档提取器节点（图4-37）。

设置“输入变量”，在“开始”右侧输入file（图4-38）。设置文档解析规则，例如指定提取范围（如正文、章节标题）或过滤冗余信息（如页眉、页脚），确保关键内容被准确抓取。文档提取器负责解析上传的文件内容，为后续生成摘要提供文本数据。

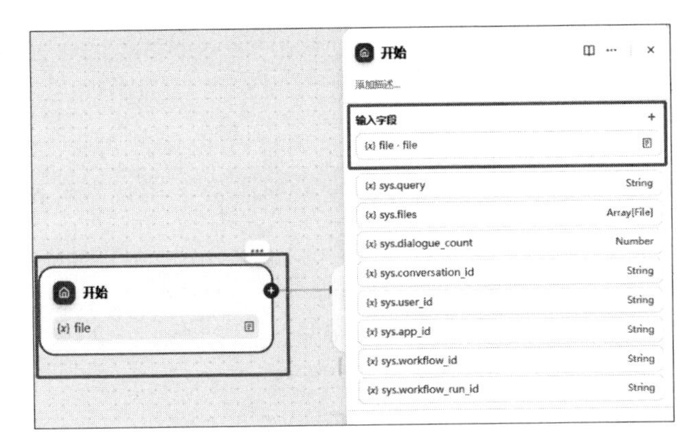

图 4-36　开始选择“输入字段”点击文件

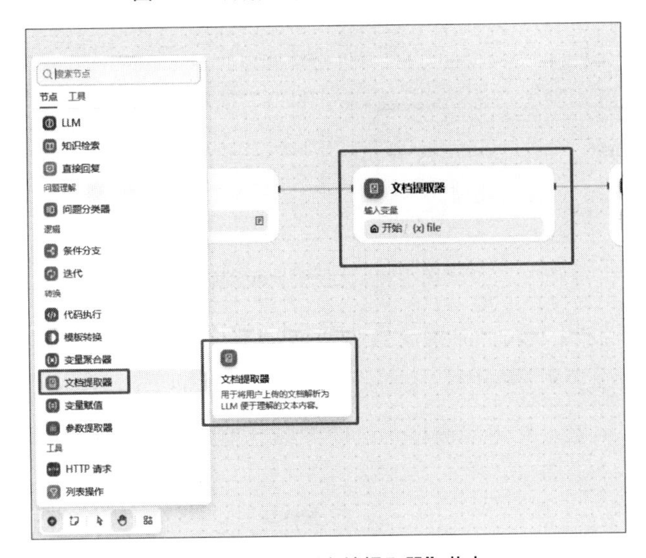

图 4-37　添加“文档提取器”节点

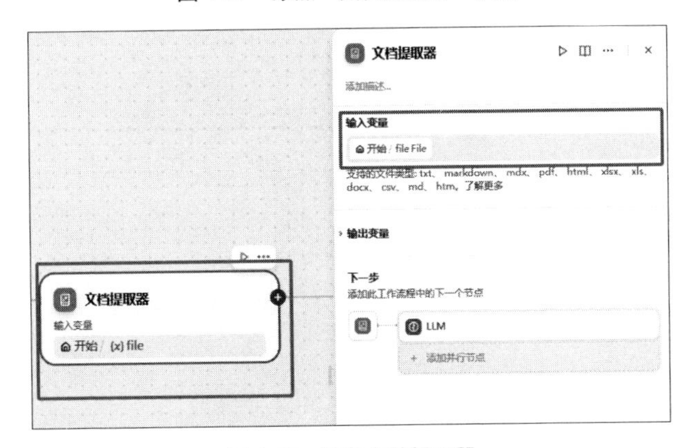

图 4-38　设置文档提取器

完成文档提取器的配置后，继续添加LLM（大模型）节点，选择适合文本摘要的模型（如deepseek-rl:8b大模型），并在SYSTEM字段的文本框中填写提示词（图4-39）（例如“生成500字以内、结构清晰的读书摘要”），以规范输出格式。提示词的设计直接影响摘要的质量和风格，用户需要根据实际需求精心调整。

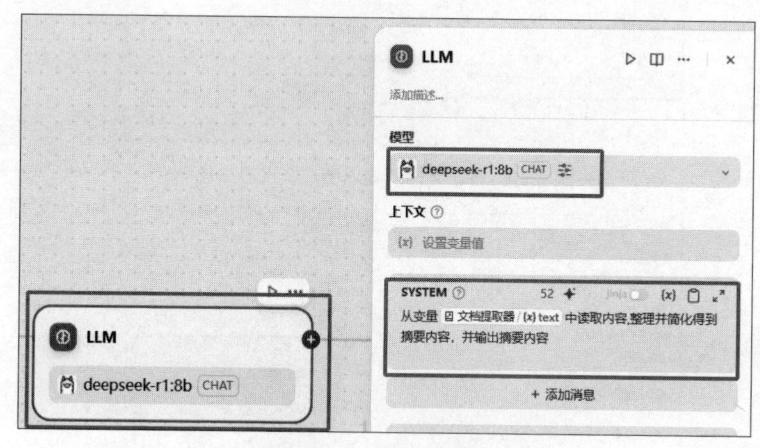

图 4-39　大模型节点配置

要定义最终输出方式，需要配置直接回复节点。在此节点中设置回复模板，在“回复”字段设置大模型中的文本（图4-40），将摘要内容与原文链接绑定，便于用户追溯原始信息。该节点确保系统能够以合适的格式输出生成的摘要内容。

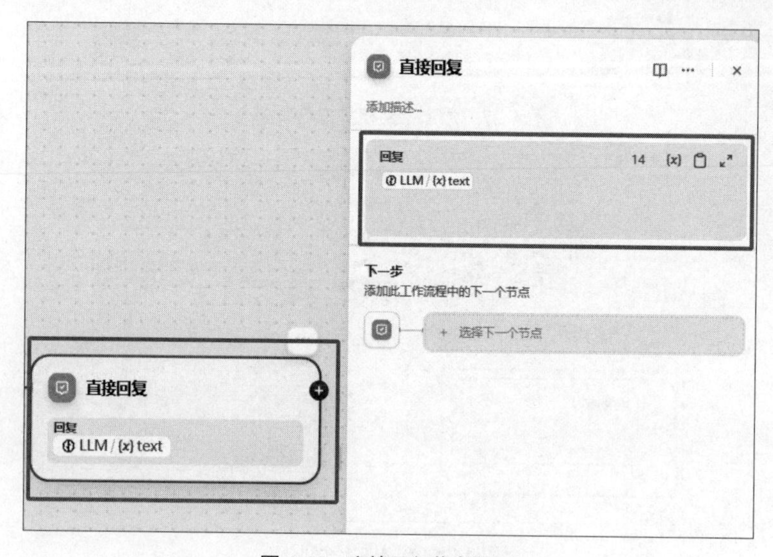

图 4-40　直接回复节点配置

所有节点配置完成后，可通过可视化界面查看工作流整体，确保各环节逻辑连贯（图4-41）。本例工作流程图清晰地呈现了从输入到输出的完整处理链条。

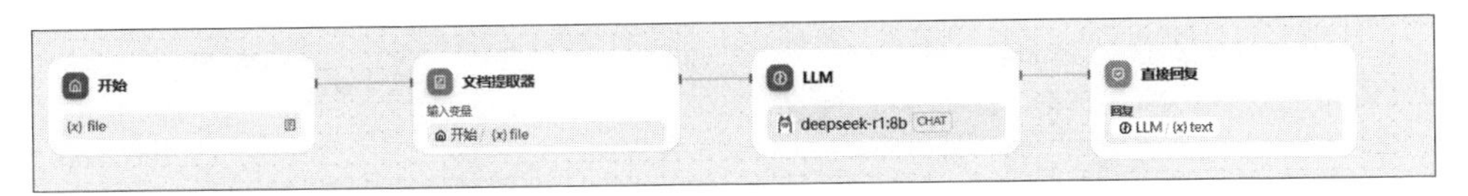

图 4-41　整体工作流展示

步骤3：进行测试阶段

进入测试阶段，单击“预览”功能，上传目标书籍文件（如PDF或Word文档）（图4-42）。

添加待处理的文件（图4-43）。

文件解析成功后，在输入框中输入“开始”并发送指令（图4-44）。即可启动摘要生成流程。

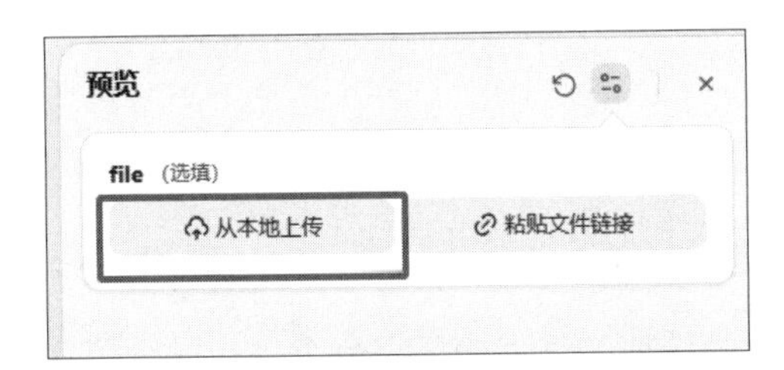

图 4-42　单击“预览”功能，上传文件

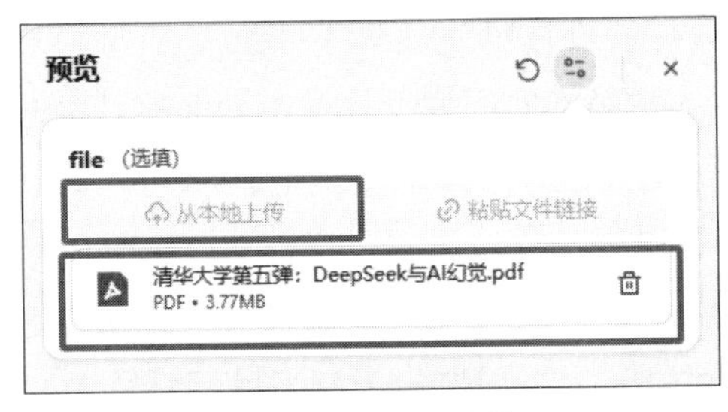

图 4-43　添加完文件

图 4-44　在输入框中输入“开始”并发送

系统将自动执行工作流，先提取文档内容，再经大模型分析生成摘要，最终通过预设模板输出结构化结果。展示了最终生成的摘要结果（图4-45）。

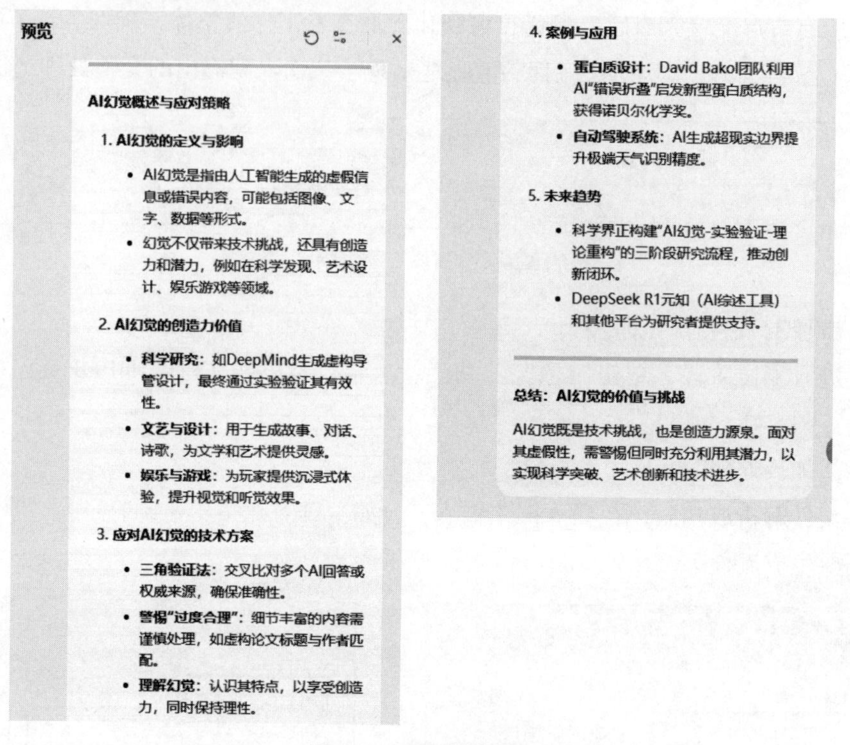

图 4-45　最终显示结果

通过以上流程，可以快速将文档转化为精炼的读书摘要。整个过程融合了文档解析、智能处理和自动化输出等环节，提供了高效的阅读辅助工具。

整个流程强调模块化配置，用户需重点关注文档提取规则的精确性、大模型提示词的针对性，以及输出模板的实用性，以确保生成的读书摘要既简洁准确，又便于适配后续应用场景。

Ollama本地大模型部署通过边缘计算与硬件适配，实现了数据安全与高效推理的统一。其核心优势在于，基于显存容量精准匹配模型规模（如8GB显存适配7B参数模型），结合INT8量化与分层优化技术，在降低资源消耗的同时保持90%以上精度；通过动态调整批处理大小、温度参数及生成长度，平衡生成质量与响应速度。在医疗、教育、工业等领域中，本地化部署不仅满足敏感数据的物理隔离需求，更通过毫秒级响应提升交互体验，例如智能HR聊天助手精准解析企业制度；教育阅读系统高效生成结构化摘要。未来，随着模型压缩与异构计算技术的演进，本地AI将进一步拓展至智能制造、实时设计等复杂的场景，推动安全与效率的深度协同。

附录

AI 前端开发的构建工具

通信通道

设置“通信通道”，也被称为“代理配置”，就像在两个房间之间建立对讲机，它解决了网页和AI服务器之间的通信问题。就像一个人在中国想要和在美国的朋友视频聊天，有时候需要使用特殊的工具才能连接上。

环境变量

管理“环境变量”，就像给工作室选择装修模式。比如在玩游戏时，有“练习模式”和“正式模式”，每种模式连接的服务器地址不同，环境变量就是用来控制这些配置的切换的，这样开发人员在测试新功能时就不会影响到正在使用的用户。

ESLint和TypeScript

确保代码质量就像保持房间整洁。ESLint和TypeScript组合就像一个严格的管家，它们会检查你的代码是否整齐有序。如果把一个变量写错了名字，或者忘记处理某些特殊情况，它们会立即提醒你。

Prettier

Prettier像一个整理助手，它会自动把代码排得整整齐齐的，就像把书籍按照统一的方式摆放在书架上一样。Jest（一款由Facebook开发的JavaScript测试框架，专注于简单性和易用性）或Vitest（一个基于Vite的现代化JavaScript/TypeScript测试框架）这样的测试框架则像质量检查员，它们会模拟用户使用程序，检查是否所有功能都正常工作。当开发一个AI聊天机器人时，测试框架可以自动发送多条测试消息，检查机器人是否都能正确回复。

性能优化

性能优化就像让一辆汽车跑得更快、更省油。在建设AI应用时，需要让网页加载更快，响应更及时。想象一下玩一个大型游戏，如果把整个游戏都一次性加载，可能要等很久才能开始玩。但如果按需加载，进入哪个场景才加载哪个场景的内容，就能更快地开始游戏。在AI应用中也一样，可以先加载基本的聊天界面，等用户需要使用特定功能（如图片识别）时，再加载相关的代码。

资源优化

资源优化就像压缩行李，把图片和文本文件压缩得更小，这样网页就能加载得更快。

Git

Git就像一个时光机，可以记录用户对代码做的每一个改动，如果发现问题还可以回到之前的版本。

Husky

Husky（一个用于管理Git钩子的工具）就像一个门卫，当用户要提交代码时，它会先检查代码是否符合要求、是否通过了测试、是否有格式问题等。持续集成就像一条自动化生产线，当用户完成一部分工作后，它会自动进行测试、打包和发布，就像流水线上的商品一样，经过层层把关后才能送到用户手中。

调试工具

调试工具就像医生给病人做检查时用的各种仪器。Vue DevTools（一个浏览器开发者工具扩展，专门用于调试和优化Vue.js应用程序）或React DevTools（一个浏览器开发者工具扩展，专门用于调试和优化React应用程序）可以让人们看到应用内部的运行状况，比如数据是如何流动的、组件之间是如何互相影响的。Chrome DevTools（Chrome开发者工具）的网络面板则像一个通信监视器，它可以告诉人们网页和AI服务器之间的对话是否顺畅，以及是否有延迟或错误发生。

模块化设计

模块化设计就像把一个复杂的玩具拆分成多个小零件。每个零件都有自己的功能，可以单独测试和更换。在AI项目中，可能需要语音识别、图像处理、文字聊天等功能，把这些功能分别制作成独立的模块，就像制作积木玩具，每个积木都可以单独使用，也可以组合在一起。包管理器pnpm（一个快速、高效、磁盘空间友好的JavaScript包管理工具，全称Performant NPM）就像一个聪明的仓库管理员，它可以有效地管理这些模块，确保每个模块都是正确的版本，而且不会重复存储相同的模块，就像在图书馆里，相同的书只需保存一本，但可以被多个人借阅。

版本管理

版本管理就像给故事书编写目录和章节。每个新版本就像故事的新章节，需要清楚地记录这一章添加了什么新内容、修复了什么问题。语义化版本号就像书的编号系统，通过3个数字来表示变化的程度：第一个数字表示有重大改变，第二个数字表示添加了新功能，第三个数字表示修复了小问题。更新日志就像每一章的摘要，让用户知道这个版本改变了什么。当AI助手学会了新的技能以后，我们就需要在更新日志中说明，这样用户就能知道有新功能可以使用。

代码热重载

代码热重载就像一面魔法镜子，当用户修改了代码以后，镜子里的画面会立即改变，不需要用户做任何额外的操作。例如要开发一个AI绘画应用，每次调整画笔的效果，都能立即在镜子里看到结果，这样就能快速找到最好的效果。

环境变量管理

环境变量管理就像给应用准备不同的配置方案，就像游戏有“练习模式”和“正式模式”，AI应用也需要不同的设置，通过.env文件，用户可以轻松切换这些设置，比如在开发时连接测试服务器，在发布时连接正式服务器。

代码分割

代码分割就像把一本大书分成几个小册子。当用户只需使用文字聊天功能时，就只需加载聊天相关的“小册子”，而不需要加载图片处理、语音识别等其他功能的“小册子”，这样就能更快地打开和运行应用。

样式设计工具

样式设计工具（CSS预处理器）就像画画时的调色板。使用Sass（Syntactically Awesome Stylesheets，一种CSS预处理器）或Less（Leaner Style Sheets，一种CSS预处理器）这样的工具，可以先调配好常用的颜色（变量），然后在需要的地方直接使用，而无须每次都重新调色。这样不仅节省时间，还能确保整个应用的风格统一。

检查工具

为了确保代码的质量，需要使用一些检查工具。ESLint就像一个严格的语文老师，会检查代码是否规范；Prettier则像一个整理助手，可以自动把代码排得整整齐齐的。通过这些工具的配合，就能确保开发出来的AI应用既好用又容易维护。

通过合理地使用这些工具，就能搭建一个高效的开发环境，就像拥有了一个设备齐全、管理有序的工作室，可以专注于打造出更好的AI应用。